云南电网有限责任公司技能实操系列 培训教材

计量接线

云南电网有限责任公司 编

中国电力出版社
CHINA ELECTRIC POWER PRESS

内 容 提 要

为全面落实员工能力提升工程，加快高素质技能人才队伍培养，为公司创建"两精两优、国际一流"电网企业提供坚实的人才支持，云南电网有限责任公司组织开发了首批云南电网技能实操系列培训教材。本系列教材首批开发了装表接电、计量接线、配电线路运检、抄表核算收费四个分册。

本册为《云南电网技能实操系列培训教材 计量接线》分册，内容按专业知识与专业技能两个模块编写。其中专业知识模块包含电能计量基础知识、基本仪器的使用 2 个单元。专业技能模块包单相电能表错误接线检查、三相四线制电能表错误接线检查、三相三线电能表错误接线检查、电能计量装置错误接线分析的其他方法 4 个单元。

本书可供供电企业从事用电检查工作的生产技能人员参考使用。

图书在版编目（CIP）数据

计量接线/云南电网有限责任公司编. —北京：中国电力出版社，2018.7 (2022.8重印)

云南电网技能实操系列培训教材

ISBN 978-7-5198-2259-0

Ⅰ. ①计…　Ⅱ. ①云…　Ⅲ. ①电能计量－接线法－技术培训－教材　Ⅳ. ①TM933.4

中国版本图书馆 CIP 数据核字（2018）第 156709 号

出版发行：中国电力出版社

地　　址：北京市东城区北京站西街 19 号（邮政编码 100005）

网　　址：http://www.cepp.sgcc.com.cn

责任编辑：王　南（010-63412876）

责任校对：马　宁

装帧设计：张俊霞

责任印制：石　雷

印　　刷：中国电力出版社有限公司

版　　次：2018 年 7 月第一版

印　　次：2022 年 8 月北京第二次印刷

开　　本：787 毫米×1092 毫米　16 开本

印　　张：7.75

字　　数：168 千字

印　　数：4001—4300 册

定　　价：28.00 元

编　委　会

前 言

为全面落实员工能力提升工程，加快高素质技能人才队伍培养，为公司创建"两精两优、国际一流"电网企业提供坚实的人才支持，云南电网有限责任公司组织系统内一批优秀的技能专家和培训师，结合配网生产、营销主要业务现状及简易实训场所建设使用工作，历时一年，开发了首批云南电网技能实操系列培训教材。

本系列教材依据国家现行相关电力法律法规，及中国南方电网有限责任公司、云南电网有限责任公司最新的相应专业规程规范，以岗位工作所需的专业技能和专业知识为核心，以作业指导书为纲，紧密联系生产实际，注重技能提升，理论实用，重点突出针对性和实用性。

目前，本系列教材首批开发了装表接电、计量接线、配电线路运检、抄表核算收费等四个分册。其中，装表接电、计量接线及抄表核算收费三个分册内容按专业知识与专业技能两个模块编写：专业知识模块对岗位工作所涉及的专业知识进行全面、详细、准确的论述；专业技能模块则在此基础上，以岗位工作内容为核心分单元编写，重点突出工作中技能操作的流程、方法、注意事项、常见设备故障分析处理等。配电线路运检分册分为配网巡视、设备安装及配电专业技能三个模块，对配网运检的相关作业知识、流程、方法及相关技能做了详细说明及论述。

教材在每单元前对教学目的、教学重点、教学难点、教学内容进行了具体描述，对学员学习及培训师授课使用都有很好的指导作用。

本系列教材在编写过程中得到了公司生技部、市场部（农电部）、人资部，昆明、曲靖、红河、玉溪、大理、楚雄、普洱、西双版纳、文山、德宏、丽江供电局、文山电力股份有限公司、公司党校（培评中心）的大力支持，和各位编写专家、评审专家的倾力付出，在此表示诚挚的谢意。

由于编写时间仓促，本套教材难免存在疏忽之处，恳请各位专家及读者提出宝贵意见，使之不断完善。

编者

2018.6

目 录

模块一

专业知识

第一单元　电能计量基础知识

> **教学目的：**通过对本单元的学习后，对电能计量基础知识有一个基本的了解和熟悉，从而指导本工种的实践。
> **教学重点：**电能表的基本知识；电能计量装置的接线方式（单相、三相四线、三相三线）。
> **教学难点：**电能计量装置的接线方式（单相、三相四线、三相三线）。
> **教学内容：**交流电基础知识，相量图，互感器、电能表接线方式等。

一、交流电基础知识

（一）相序

交流电的大小随时间按正弦规律而变化，三相交流电每相达到最大值时的先后顺序就是相序，如图 1-1-1（a）所示。如 A、B、C 三相按顺时针方向旋转，其相量大小相等，相位互差 120°称为正相序；而 A、B、C 三相按逆时针方向旋转，其相量大小相等，相位互差 120°称为逆相序，如图 1-1-1（b）所示。电能计量装置应按正相序接入，如果接成逆相序，会造成电能计量装置计量差错问题。

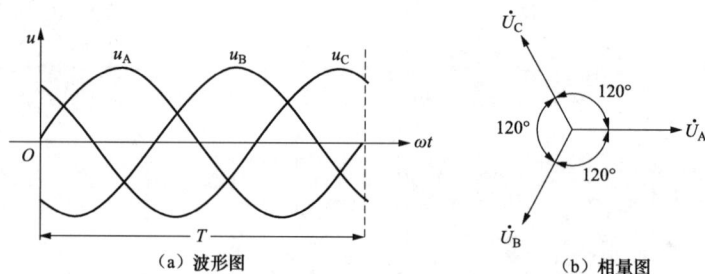

图 1-1-1　三相正弦交流电图

（二）相位角

在正弦电压表达数字式中（$\omega t+\varphi$）是一个角度，也是时间函数。对应于确定的时间 t 都有一个确定的电角度，说明交流电在这段时间内变化了多少电角度。所以（$\omega t+\varphi$）是表示正弦交流电变化过程中的一个量，称为相位。

（三）最大值与有效值关系

交流电峰值为有效值的$\sqrt{2}$倍，通常用有效值表示交流电的大小。有效值是指在相同的电阻上，分别通以直流电或交流电，经过一个交流周期的时间（约 0.02s），如果它们在电阻上所消耗的电能相等，则把该直流电流（电压）的大小作为交流电流（电压）的有效值。

（四）交流电相量表示

交流电有大小和方向，可以用带箭头的直线段长度表示其大小，箭头表示其方向，这就是交流电的相量表示。三相交流电用三个带箭头的直线段从一个圆点画出，它们之间的夹角互为120°。应用相量加减法则（平行四边形法则），就可以实现相量的减法运算转化为加法运算，如 $\dot{U}_{AB} = \dot{U}_A - \dot{U}_B = \dot{U}_A + (-\dot{U}_B)$。

二、交流电路基础知识

（一）中性点

（1）中性点接地。电网中性点与大地之间的电气连接方式，称为三相交流电系统中性点接地方式。一般来说，电网中性点接地也就是电力变压器的各级电压中性点接地方式。

（2）中性点直接接地。220/380V 三相四线制低压配电网络中，配电变压器低压侧中性点直接接地的方式，如图 1-1-2 所示。通常将配电变压器低压侧中性点、外壳以及避雷器的接地引下线共同与一个接地装置相连接的方式，又称三点共同接地。

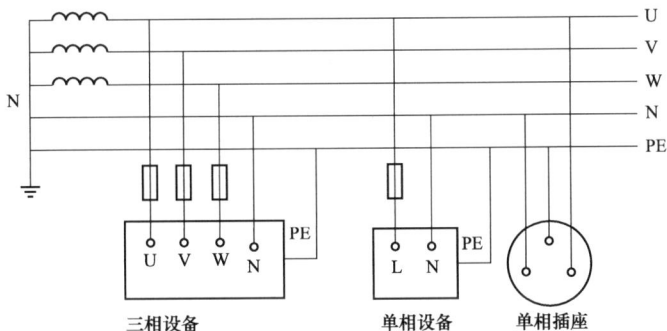

图 1-1-2　低压接地系统（TN-S）图

（3）中性点非有效接地。6～35kV 配电网一般采用小电流接地方式（中性点不接地或经消弧线圈接地），即中性点非有效接地方式，见图 1-1-3。

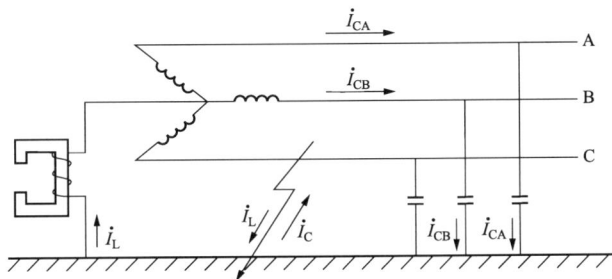

图 1-1-3　中性点非有效接地方式图

（4）相线制形式。中性点有电源中性点与负载中性点之分。它们是在三相电源或三相负载按星型（Y）连接时才出现。对电源而言，凡三相线圈的首端或尾端连接在一起的共同连接点，称电源中性点；对负载而言，三相负载的首端或尾端连接在一起的共同连接点，称负载中性点。

（5）将发电机三相绕组末端 x、y、z 连接成一公共点，以 0 表示（0 点即为中性点），从三个始端 A、B、C 分别引出一根相线与负载相连的接线方式称为星形连接。从电源中性点 0 引出一根与负载中性点相接的导线叫中性线。上述中，有中性线星形连接的接线方式称为三相四线制供电（如 380/220V 低压中性点接地系统）；无中性线星行连接的接线方式称为三相三线制供电（如 6～35kV 三相交流电中性点非有效接地方式，以及 110kV 及以上三相交流电中性点直接接地方式，其电源中性点与负载中性点不相连，均称为三相三线制系统）。

（二）负载接线形式

1. 星形接线（见图 1-1-4）

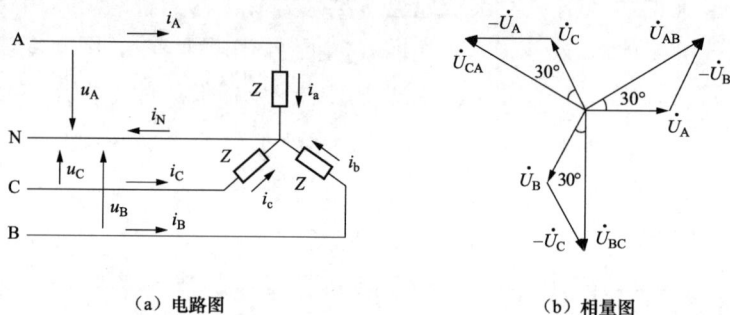

（a）电路图　　　　　　　　　　　（b）相量图

图 1-1-4　星形接线电路及相量图

如图 1-1-4（a）所示，线电流等于相电流（流过负载的电流）

即：$I_A = I_a$；$I_B = I_b$

当负载平衡时：$I_A = I_B = I_C = I_1 = I_a = I_b = I_c = I_{ph}$；

式中

I_A、I_B、I_C 为线路侧电流；

I_a、I_b、I_c 为负载电流。

$$\dot{I}_N = \dot{I}_A + \dot{I}_B + \dot{I}_C = \dot{I}_a + \dot{I}_b + \dot{I}_c = 0$$

如图 1-1-4（b）所示，相电压（负载两端电压）为 $\dot{U}_A$、$\dot{U}_B$、$\dot{U}_C$，则有线电压为：

$U_{AB} = \sqrt{3}U_A$（顺时针方向，$\dot{U}_A$ 滞后 $\dot{U}_{AB}$ 30°）

$U_{BC} = \sqrt{3}U_B$（顺时针方向，$\dot{U}_B$ 滞后 $\dot{U}_{BC}$ 30°）

$U_{CA} = \sqrt{3}U_C$（顺时针方向，$\dot{U}_C$ 滞后 $\dot{U}_{CA}$ 30°）

一般电网电压是对称的，故有：$U_{AB} = U_{BC} = U_{CA} = U_1 = \sqrt{3}U_{ph}$；$U_A = U_B = U_C = U_{ph}$。

2. 三角形接线（见图 1-1-5）

如图 1-1-5（a）所示，负载两端电压等于线电压，即

$$U_{AB} = U_{Zab}；\quad U_{BC} = U_{Zbc}；\quad U_{CA} = U_{Zca}$$

一般电网电压是对称的，故有：$U_{AB} = U_{BC} = U_{CA} = U_1$

如图 1-1-5（b）所示，相电流（流过负载电流）为 $\dot{I}_{AB}$；$\dot{I}_{BC}$；$\dot{I}_{CA}$；则有线电流为：

$I_A = \sqrt{3}I_{AB}$（顺时针方向，$\dot{I}_{AB}$ 滞后 $\dot{I}_A$ 30°）

（a）电路图　　　　　　　　　　　（b）相量图

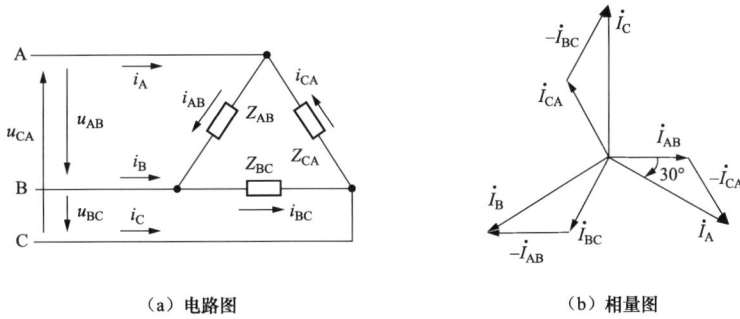

图 1-1-5　三角形接线电路及相量图

$I_B = \sqrt{3} I_{BC}$（顺时针方向，$\dot{I}_{BC}$ 滞后 $\dot{I}_B$ 30°）

$I_C = \sqrt{3} I_{CA}$（顺时针方向，$\dot{I}_{CA}$ 滞后 $\dot{I}_C$ 30°）

当负责平衡时，线路上的 $I_A = I_B = I_C = I_1$；负载上的 $I_{AB} = I_{BC} = I_{CA} = I_{ph}$

（三）三相电功率计算

1. 三相四线电路电功率计算

在三相四线电路中，它的相量图如图 1-1-6 所示。

功率表达式为：

$$P = U_A I_a \cos \varphi_a + U_B I_b \cos \varphi_b + U_C I_c \cos \varphi_c ;$$
$$Q = U_A I_a \sin \varphi_a + U_B I_b \sin \varphi_b + U_C I_c \sin \varphi_c$$

当电路对称时：$P = 3 U_{ph} I_{ph} \cos \varphi$；$Q = 3 U_{ph} I_{ph} \sin \varphi$，$\varphi = \angle \overset{\wedge}{U_{ph}} I_{ph}$ 称为功率因数角。

2. 三相三线电路电功率计算

在三相四线电路中，它的相量图如图 1-1-7 所示。

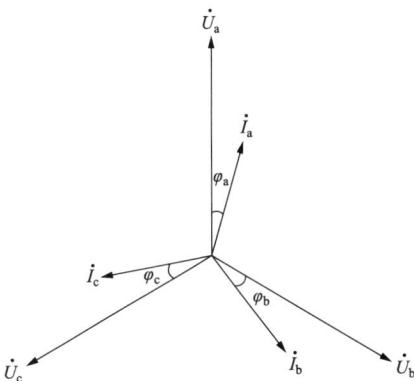

图 1-1-6　三相四线电路相量图　　　　　　图 1-1-7　三相三线电路相量图

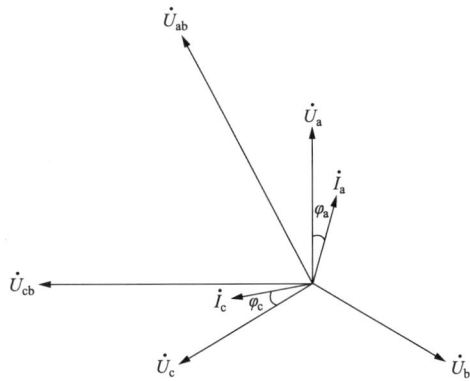

功率表达式为：

$$P = U_{AB} I_A \cos(30° + \varphi_a) + U_{CB} I_C \cos(30° - \varphi_c) ;$$
$$Q = U_{AB} I_A \sin(30° + \varphi_a) + U_{CB} I_C \sin(30° - \varphi_c)$$

当电路对称时：$P = \sqrt{3} U_1 I_1 \cos \varphi$；$Q = \sqrt{3} U_1 I_1 \sin \varphi$。$\varphi = \angle \overset{\wedge}{U_{ph}} I_{ph}$ 称为功率因数角。

三、相量图画法

相量图是分析电能计量装置错误接线实用化的一种数学工具，本节介绍相量图绘制方法。一般情况下线电压线段比相电压线段略长、相电流线段比相电压线段略短，绘制时各线段比例应适合。下面以三相三线电能表错误接线之一为例说明其画法。错误类型：相序为 cba；一元件电流为 $(-\dot{I}_c)$、二元件电流为 $\dot{I}_a$，负载感性。即电能表电压接线端子②、⑤、⑧分别接入 C 相、B 相、A 相电压；电流接线端子①进③出接入 $-\dot{I}_c$，⑦进⑨出接入 $\dot{I}_a$。

第一步：取一圆点"·"并以圆点为起点，箭头垂直向上画出相量 $\dot{U}_a$；

第二步：以 $\dot{U}_a$ 相量段为始边，顺时针旋转 120° 后定位，画出相量 $\dot{U}_b$；

第三步：以 $\dot{U}_b$ 相量段为始边，顺时针旋转 120° 后定位，画出相量 $\dot{U}_c$；

第四步：画相量 $\dot{U}_{cb}$。快捷绘制技巧：例如 $\dot{U}_{cb}$ 不反应 A 相参数，则 $\dot{U}_{cb}$ 垂直于 $\dot{U}_a$，方向为 $\dot{U}_{cb}$ 电压下标的末端相指向首端相，即"B 相指向 C 相"。

第五步：画相量 $\dot{U}_{ab}$，方法同于第四步。

第六步：以 $\dot{U}_a$ 相量段为始边，顺时针旋转取 φ_c 角（一般：0° < φ_a < 30°）画出相量 $\dot{I}_a$；

第七步：以 $\dot{U}_c$ 相量段为始边，顺时针旋转取 φ_c 角（一般：0° < φ_c < 30°）画出相量 $\dot{I}_c$；

第八步：以 $\dot{I}_c$ 相量段反方向 180° 得相量 $-\dot{I}_c$；

第九步：在相量图中分别标示出相量 $\dot{U}_{cb}$ 与相量（$-\dot{I}_c$）、相量 $\dot{U}_{ab}$ 与相量 $\dot{I}_a$ 之间的夹角分别为：

$$\dot{U}_{cb} \hat{} (-\dot{I}_c) = (150° + \varphi)；\quad \dot{U}_{ab} \hat{} \dot{I}_a = (30° + \varphi)；$$

画出的相量图如图 1-1-8 所示。

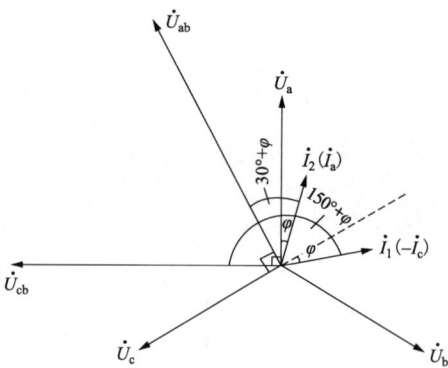

图 1-1-8　三相三线电能表错误接线相量图

四、互感器接线方式

（一）电压互感器接线方式

（1）电压互感器接线电压互感器接成"Vv"接线，其接线示意图如图 1-1-9 所示。

该接线方式为两台全绝缘单相电压互感器接成"Vv"接线，适用于 6～35kV 中性点对地绝缘系统。

（2）电压互感器"Yyn"接线，其接线示意图如图 1-1-10 所示。

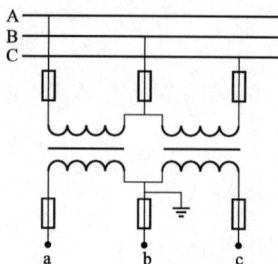

图 1-1-9　Vv 接线示意图

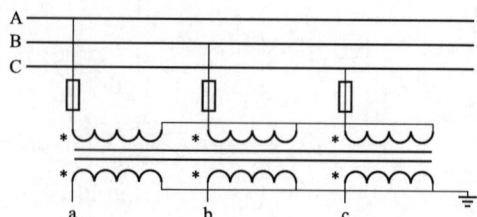

图 1-1-10　Yyn 接线示意图

该接线方式为三台全绝缘单相电压互感器接成"Yyn"接线,高压侧(一次侧)中性点不接地,适用于6~35kV中性点对地绝缘系统。

(3)电压互感器"YNyn"接线,其接线示意图如图1-1-11所示。

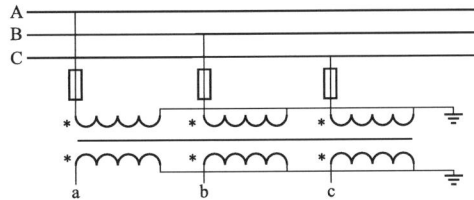

图1-1-11 YNyn接线示意图

该接线方式为三台绝缘单相电压互感器接成"YNyn"接线,高压侧(一次侧)中性点必须接地,适用于110kV及以上中性点对地非绝缘系统。

(二)电流互感器接线方式

(1)低压三相供电用户,三只电流互感器独立接入电能表各相的电流回路,且二次侧不接地,其接线示意图如图1-1-12所示。

该接线方式为三只低压穿芯式电流互感器接成"YNy"接线,其一次侧为380/220V三相四线制式系统(中性点直接接地系统"YN"),二次侧接成("y")。

(2)高压电流互感器"不完全星形"接线,其接线示意图如图1-1-13所示。

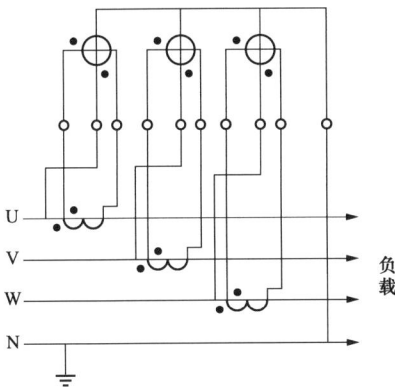

图1-1-12 电流互感器YNy接线示意图

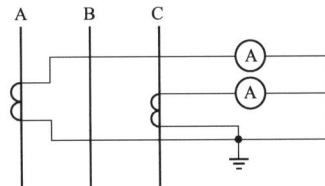

图1-1-13 电流互感器不完全星形接线图

该接线方式为两台高压电流互感器接成"不完全星形接线",二次侧b相保护接地、适用于6~35kV中性点对地绝缘系统。

(3)高压电流互感器"YNy"接线,其接线示意图如图1-1-14所示。

该接线方式为三台高压电流互感器接成"YNy"接线,适用于6kV及以上系统。

五、电能计量装置接线方式

(一)直进式电能表接线方式

(1)低压单相表接线方式如图1-1-15所示。

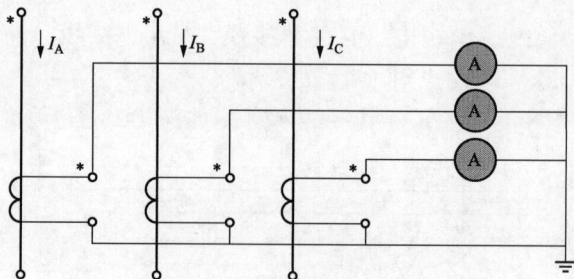

图 1-1-14　电流互感器 YNy 接线示意图

"相线 1 进、2 出；零线 3 进、4 出"，接入低压单相表的电流与电压相量 $(\dot{U}_{ph}, \dot{U}_{ph})$，$\dot{U} \hat{I} = \varphi$ 这时：$P = UI \cos \varphi$。

（2）低压三相四线直接接入式电能表接线方式如图 1-1-16 所示。

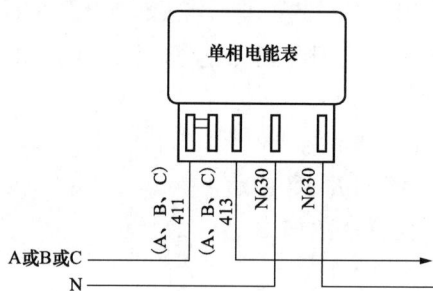

图 1-1-15　低压单相表接线方式图

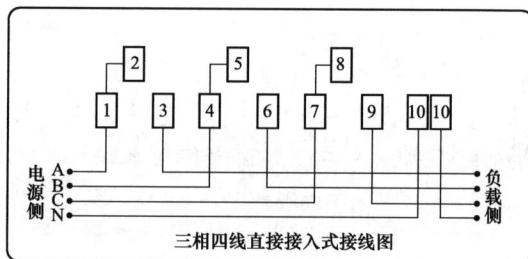

图 1-1-16　三相四线直接接入方式图

"A 相电流 1 进、3 出；B 相电流 4 进、6 出；C 相电流 7 进、9 出"，接入低压直接三相四线电能表的电流与电压配对相量为：$(\dot{U}_A, \dot{I}_A); (\dot{U}_B, \dot{I}_B); (\dot{U}_C, \dot{I}_C)$，各相电压相量与电流相量的夹角为 φ_A、φ_B、φ_C。三相电路对称时，$P = 3UI \cos \varphi$，不对称时，$P = U_A I_A \cos \varphi_A + U_B I_B \cos \varphi_B + U_C I_C \cos \varphi_C$。

（二）电能表经互感器接入接线方式

（1）低压三相四线电能表经电流互感器接入接线方式如图 1-1-17 所示。

电能表接线端子从左至右配对相量为：$(\dot{U}_A, \dot{I}_a); (\dot{U}_B, \dot{I}_b); (\dot{U}_C, \dot{I}_c)$，各相电压相量与电流相量的夹角为 φ_A、φ_B、φ_C。

三相电路对称时：$P = 3UI \cos \varphi$；

不对称时：$P = U_A I_a \cos \varphi_A + U_B I_b \cos \varphi_B + U_C I_c \cos \varphi_C$。

（2）高压三相三线电能表经电流、电压互感器接入接线方式如图 1-1-18 所示。

电能表接线端子从左至右配对相量为：

$(\dot{U}_{ab}, \dot{I}_a); (\dot{U}_{cb}, \dot{I}_c)$；　$\dot{U}_{ab} \hat{I}_a = (30° + \varphi_a), \dot{U}_{cb} \hat{I}_c = (30° - \varphi_c)$。

三相电路对称时：$P = \sqrt{3}UI \cos \varphi$；

不对称时：$P = U_{ab} I_a \cos(30° + \varphi_A) + U_{cb} I_c \cos(30° - \varphi_c)$。

（3）高压三相四线电能表经电压、电流互感器接入接线方式如图 1-1-19 所示。

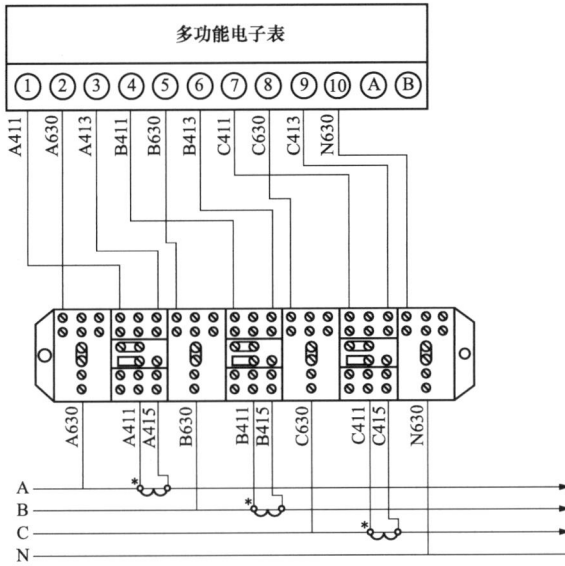

图 1-1-17 三相四线电能表经电流互感器接入方式图

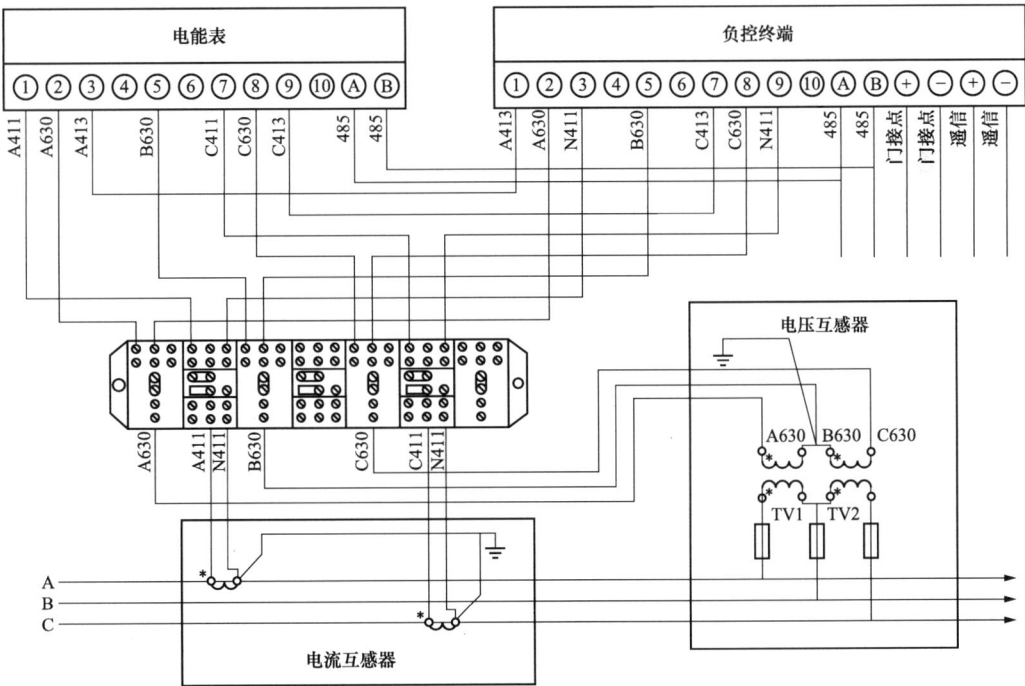

图 1-1-18 三相三线电能表经电流、电压互感器接入方式图

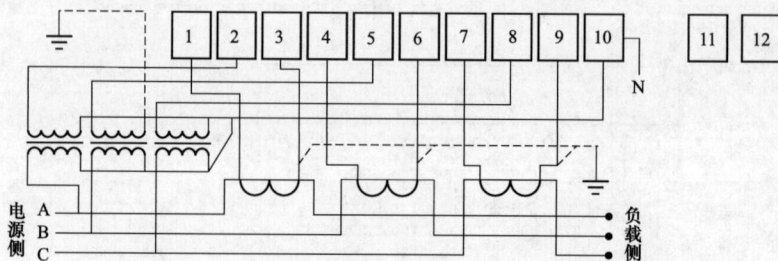

图 1-1-19　三相四线电能表经电压、电流互感器接入方式图

电能表接线端子从左至右配对相量为：$(\dot{U}_A, \dot{I}_a);(\dot{U}_B, \dot{I}_b);(\dot{U}_C, \dot{I}_c)$，各相电压相量与电流相量的夹角为 φ_A、φ_B、φ_C。

三相电路对称时：$P = 3UI\cos\varphi$；

不对称时：$P = U_a I_a \cos\varphi_A + U_b I_b \cos\varphi_B + U_c I_c \cos\varphi_C$。

六、电能计量装置基础知识

电能计量装置包括各种类型的电能表、计量自动化终端、计量柜（计量表箱）、电压互感器、电流互感器、试验接线盒及其二次回路等。

（一）电能表主要功能

1. 低压电子式单相电能表

（1）具有正反向有功电能计量功能，并存储其数据；

（2）能存储抄表日电量数据，抄表日可在每月 1～28 日内的整点时刻设置；

（3）能与各类自动化终端实现载波通信和 RS-485 通信，满足集抄的需要；

（4）具有分时计量正反向有功电能功能；

（5）具有费控功能，满足营销各业务的需要；

（6）具有电流、电压、功率、功率因素等参量监测与记录功能；

（7）显示及报警功能。

2. 三相多功电能表主要功能

（1）具有正反向有无功电能计量功能，并存储其数据；

（2）能存储抄表日电量数据，抄表日可在每月 1～28 日内的整点时刻设置；

（3）能与各类自动化终端实现载波通信和 RS-485 通信，满足远程数据采集的需要；

（4）具有分相电能计量功能；

（5）具有电流、电压、功率、功率因素等参量监测与记录功能；

（6）具有费控功能，满足营销各业务的需要；

（7）显示及报警功能。

（二）计量互感器

（1）电流互感器分为低压电流互感器、高压电流互感器。准确度等级一般选用 0.2S；二次电流为 5A 或 1A；互感器应为减极性（一次电流同名端流进，二次同名端流出）。

（2）电压互感器二次电压分为 100V 或 100/$\sqrt{3}$ V 两种；互感器应为减极性（一次电流

同名端流进，二次同名端流出）。

（3）高压组合式互感器（由电压互感器和电流互感器组合成一体的计量专用互感器组，又称高压计量箱），可分为三相三线组合式互感器（由二台全绝缘电压互感器和二台电流互感器组合而成，二台电压互感器内部接成 Vv 接线）和三相四线高压计量箱（由三台全绝缘电压互感器和三台电流互感器组合而成，三台全绝缘电压互感器内部接成 Yyn 接线，一次中性点不引出）。

（4）计量自动化终端可分为电能量采集终端、配变监测计量终端、专变负荷管理终端、集中器、采集器等。

（5）试验接线盒在电能计量装置接线中，通过线缆起着连接互感器、电能表、采集终端的重要作用，主要功能是用于电能计量装置现场校验、用电检查、带负荷更换电能表等。

第二单元　基本仪器的使用

一、数字式双钳相位伏安表

（一）概述

数字式相位伏安表可以测量电压、电流、相序、电压与电流之间的相位角，从而实现判断功率因数、电能计量装置的接线，是进行错误接线判别的重要仪器。现以 SMG2000E 手持式数字双钳相位伏安表为例，介绍其使用方法（SMG2000E 的外形如图 1-2-1 所示）。

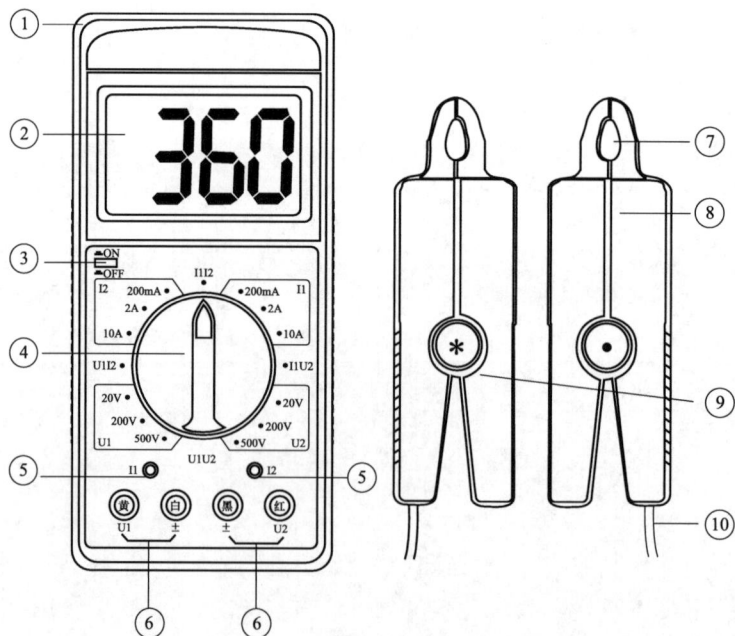

图 1-2-1　数字双钳相位伏安表 SMG2000E

①—绝缘护套；②—液晶显示屏；③—电源开关（ON-OFF 按钮）；④—转换开关（功能量程开关）；⑤—电流钳插孔（第一组电流通道 I_1、第二组电流通道 I_2）；⑥—电压输入插孔（第一组电压通道 U_1、第二组电压通道 U_2）；⑦—卡钳（电流钳钳口）；⑧—电流钳子；⑨—电流极性端（电流流进方向）；⑩—电流钳引线。

（二）使用方法

仪表上转换开关的档位：电流有 I_1、I_2 两组通道，电流量程有 200mA/2A/10A 三档；电压有 U_1、U_2 两组通道，量程有 20/200/500V 三档。接线插孔设有 U_1 区±、U_2 区±、I_1、I_2 六个插孔。

1. 电流的测量及电流卡钳极性端方向的使用

先将卡钳专用线插入相位伏安表电流 I_1 或 I_2 插孔内，转换开关切换到对应的 I_1 或 I_2 档，在不知被测电流值大小时，量程放到最大档位进行初测，有了基本读数，再用接近量程测出其准确值。卡钳钳住电流线时，*花端必须靠电流线来电一侧，表示电流沿*花端进表（卡钳极性方向使用方法见图 1-2-2）。现以三相四线制接线的表计为例，测量 I_a 相电流值时，用第一组电流通道 I_1 进行测量，将卡钳钳到 I_a 电流线上，卡钳*花端靠 I_a 电流来电侧，相位伏安表液晶屏上的显示值即为所测 I_a 电流值（见图 1-2-2）。

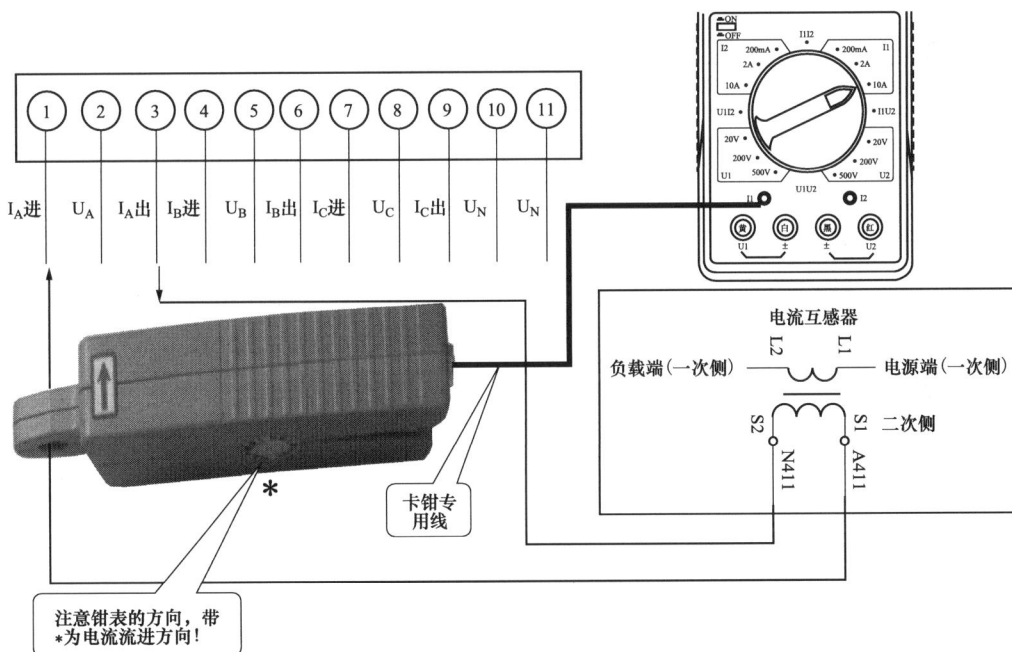

图 1-2-2　电流测量及卡钳极性端方向使用接线图

2. 电压的测量（见图 1-2-3）

专用测量线为红（正）、黑（负）两线，根据测量线所插 U_1 区±或 U_2 区±，转换开关切换至对应的 U_1 或 U_2 档，在不知被测电压值大小时，量程放到最大档位进行初测，有了基本读数，再用接近量程测出其准确值，在高供高计的电能计量装置中，一般电能表的二次侧相、线电压最高为100V，在电压互感器极性反时会有173V，因此，档位可调至200V档来测量。在高供低计的电能计量装置中，一般电能表的相电压为220V，线电压为380V，应选择500V档位来进行测量。现以高供低计三相四线接线的表计为例，测量 U_{an} 相电压值，可以使用第一组电压通道（U_1 区±）或者第二组电压通道（U_2 区±）进行测量，档位开关选择至 U_1 区500V档并打开电源，将接第一组电压通道 U_2 区的黑线测量笔头与 U_n 电压端子⑪良好接触，红线测量笔头与 U_a 电压端子②可靠接触，相位伏安表液晶屏上的显示值即为所测 U_{an} 电压值，而测量线电压 U_{ab} 时，红线测量笔头与 U_a 电压端子②良好接触，黑线测量笔头与 U_b 电压端子⑤良好接触，相位伏安表液晶屏上的显示值即为所测 U_{ab} 电压值。

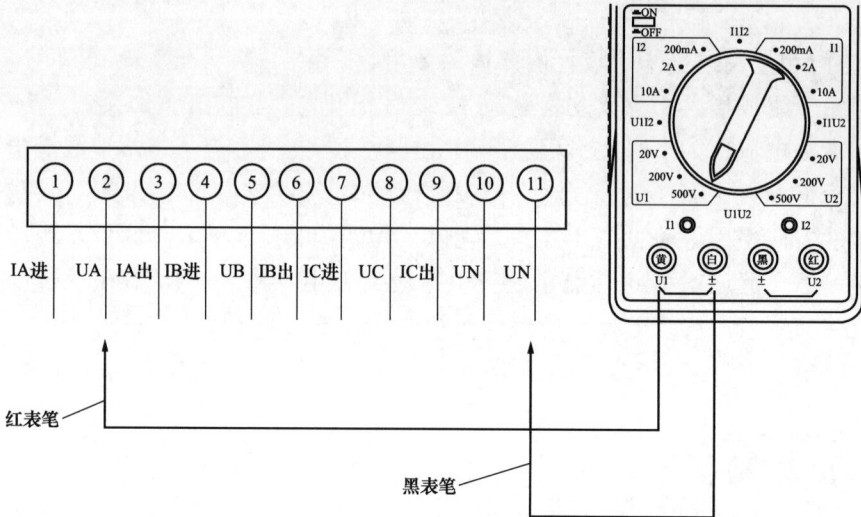

图 1-2-3　电压测量接线图

3. 三相电压相序的测量

以测量三相四线制接线的低压表计为例，三相电压相序的测量方法如图 1-2-4 所示。将相位伏安表的转换开关旋至"U1U2"，以 U_{an} 相电压做为参考相量，将 U_{an}（或 U_{ab}）电压测试线插进 U1 插孔， U_{bn}（或 U_{bc}）电压测试线插进 U2 插孔（电压红表笔为正，黑表笔为负），若 $\dot{U}_{an}\hat{}\dot{U}_{bn}$=120°或 $\dot{U}_{ab}\hat{}\dot{U}_{bc}$=120°则为正相序，若夹角为 240°则为逆相序。

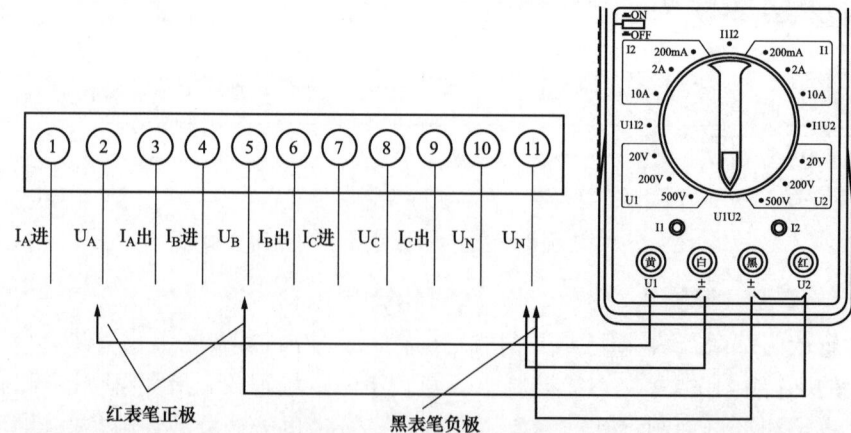

测量 U_a、U_b、U_c 的幅值与相位

	U_{an}	U_{bn}	U_{cn}	U_{ab}	U_{ac}
电压幅值（V）	221	223	226		
电压角度（°）				121	240

图 1-2-4　三相电压相序的测量接线图

4. 三相电流相序的测量

将表计的旋钮开关旋至"I1I2",具体方法同上。

5. 感性电路、容性电路的判定

测量方法如图 1-2-5 所示。将表计的旋钮开关旋至"U1I2",以 U_{an} 相电压作为参考相量,将 U_{an} 电压线插进 U1 插孔,将 I_A 插进表计 I_2 插孔(电压电流应同相),若 $\dot{U}_{an} \overset{\wedge}{\dot{I}_A}$ 测得角度为"$0° < \dot{U}_{an} \overset{\wedge}{\dot{I}_A} \leqslant 90°$"或"$180° < \dot{U}_{an} \overset{\wedge}{\dot{I}_A} \leqslant 270°$",则为感性,若 $90° < \dot{U}_{an} \overset{\wedge}{\dot{I}_A} \leqslant 180°$ 或 $270° < \dot{U}_{an} \overset{\wedge}{\dot{I}_A} \leqslant 360°$,则为容性。

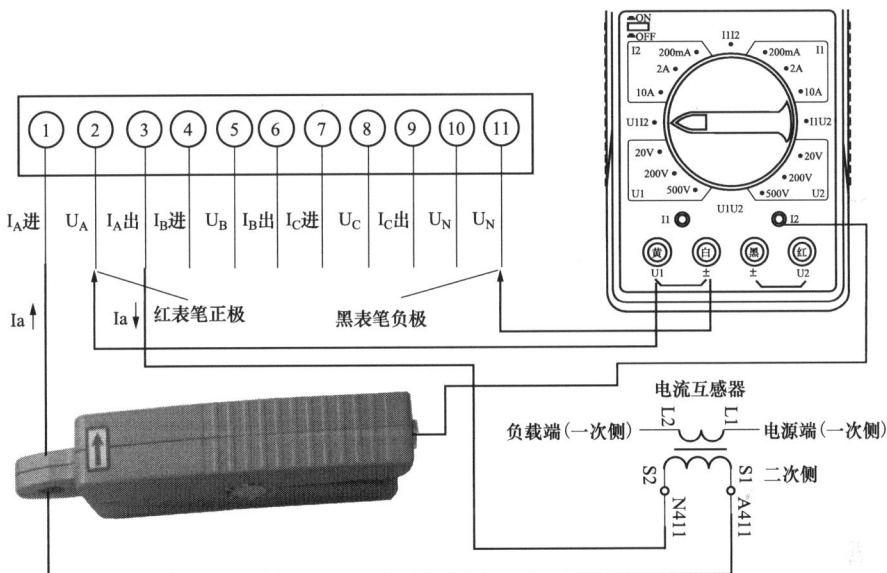

图 1-2-5 感性电路、容性电路判别接线图

（三）数字式相位伏安表使用注意事项

（1）测量电压与电流之间的相位。①当测量电压与电流之间的相位时,U1 与 I2 配套使用,或者 U2 与 I1 配套使用,才能保证测量的相位角准确无误。②电压与电流之间的相位角测量,必须保证有一定的负荷电流,否则所测角度值误差较大,判断感性电路和容性电路会出现误判。

（2）更换电池。当液晶显示屏右上角显示电池标志时,所测量的数值将不准确,需要更换电池。

（3）钳形电流表。①卡钳的保养。钳口涂以仪表脂,用时擦去,用后再涂上仪表脂、钳口的锈蚀直接影响测量的精度。测量时应将被测导线置于钳口的中央,以提高测量的准确度。②卡钳的专用性。每台仪表的两把卡钳支持本台仪表配用,不可与另一台仪表调用。

（4）仪表的保存。仪表应放在–20～+40℃,相对湿度小于 85%,且环境空气中不应有酸、碱及腐蚀性气体的室内。

（5）相位伏安表使用时打开电源开关,不用时手动关闭电源开关。否则相位伏安表将一直处于开机使用状态,直至电池电量耗尽。

（6）伏安相位表供二次回路及低压回路检测，不能用于测量高压线路中的电流，以防通过卡钳仪表击穿触电。

二、相序表

（一）概述

相序表是一种用于判别交流电三相相序的仪表。以 SC1003 相序表为例，对其使用方法进行介绍，外形如图 1-2-6 所示。

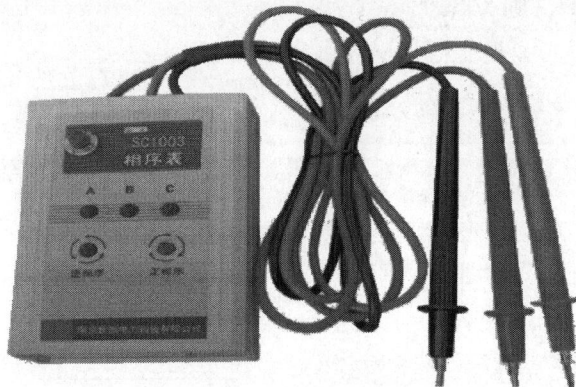

图 1-2-6　XC1003 相序表

（二）相序表的使用方法

相序表上共有三根测量线，从左至右依次为 A（黄）、B（绿）、C（红），有的相序表三根测量线为 A（红），B（蓝），C（黑）。以 10kV 高供高计三相三线电能表为例，在已知 B 相位置时（如②电压端子相对地电压值为 0 时，则②端子为 U_b 相），将测量线 B（蓝）接到电能表②电压端子上，其余两项任意接到⑤和⑧电压端子上，按下仪表左上角的测量按钮，若仪表绿灯亮则为正相序，此时，可直接按笔头相色读取相序为 BCA；若红灯亮，且蜂鸣器发出报警声则为逆向序，此时需调换⑤和⑧电压端子上的测量接线，再按下仪表的测量按钮直至绿灯亮后，直接按笔头相色读取相序为 BAC。三相三线制接线的表计正常相序测量接线，如图 1-2-7 所示。

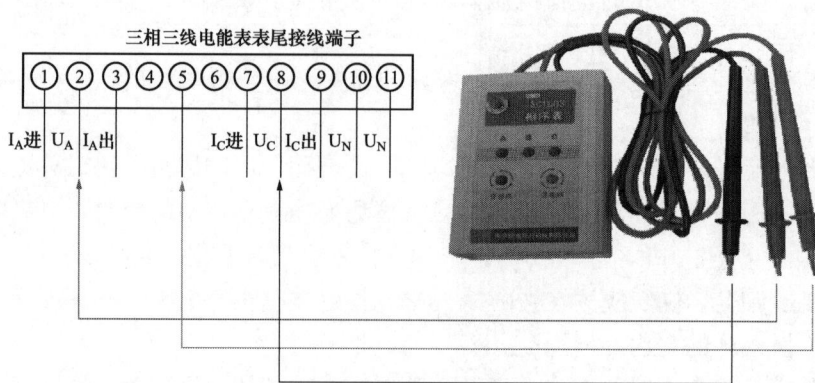

图 1-2-7　交流三相相序表测试相序接线图

三、钳形万用表

（一）概述

由于钳形万用表不需断开线路即可测量线路电流或电压的特点，以及测试功能较多，测试方法都比较简单，所以得以广泛使用，但如果不掌握好钳形万用表使用方法，就容易造成仪表损坏。为了正确地使用钳形万用表，我们选取 HIOKI 3280-20 数字钳形万用表为例。外形如图 1-2-8 所示。

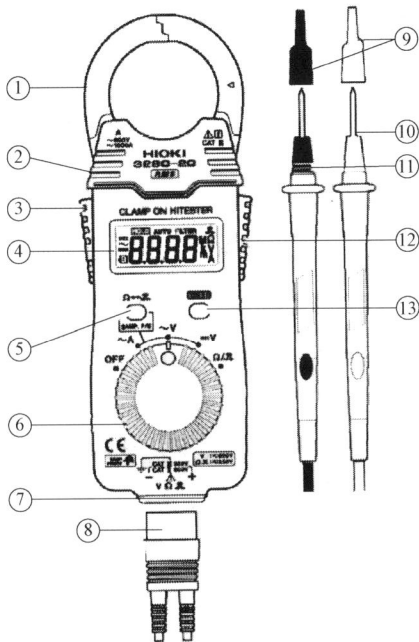

图 1-2-8　HIOKI 3280-20 数字钳形万用表

①—钳头；②—护套；③—钳头扳机；④—显示屏；⑤—通断检测按钮；⑥—档位旋转开关；⑦—测试引线插口；
⑧—测试引线插头；⑨—表笔套；⑩—红表笔；⑪—黑表笔；⑫—钳头扳机；⑬—自保护按钮。

（二）数字钳形万用表的使用方法

1. 交流电流测量

将档位旋转开关旋至～A 档位置，保持旋转开关处于放松状态，同时按下左右两侧的扳机，打开钳口，钳住一根导线，液晶显示屏上显示的数值为交流电流幅值（该钳形万用表自动切换量程）。

2. 直流电压测量

将档位旋转开关旋至–V 档位置，保持旋转开关处于放松状态，把测试线插入测试线插孔，红表笔和黑表笔并联到被测直流电路中，液晶显示屏上显示的数值为直流电压幅值，测量时要注意表笔极性，（该钳形万用表可自动切换量程）。

3. 交流电压测量

将档位旋转开关旋至～V 档位置，保持旋转开关处于放松状态，把测试线插入测试线插孔，红表笔和黑表笔并联到被测交流电路中，液晶显示屏上显示的数值为交流电压幅值（该钳形万用表自动切换量程）。

4. 电阻测量

将档位旋转开关旋至 o)))档位置，保持旋转开关处于放松状态，把测试线插入测试线插孔，红表笔和黑表笔接至被测电阻两端，液晶显示屏上显示的数值为被测电阻值（该钳形万用表自动切换量程）。如果测量在线电阻时，线路应断开电源，否则，带电测量在线电阻值时，钳形万用表将会损坏。

5. 通断测试

将档位旋转开关旋至 o)))档位置，保持旋转开关处于放松状态，把测试线插入测试线插孔，按下蓝色按键 o)))，液晶屏会显示出)))图标，即为通断测试状态，把红表笔和黑表笔接到被测回路中，如果电阻小于（50±20）Ω 时，内置蜂鸣器发声。

（三）数字钳形万用表的注意事项

（1）使用前要检查仪表及表笔，谨防任何损害或不正常现象。如果发现任何异常情况，如表笔裸露、机壳破损、液晶显示屏无显示等，请不要使用。严禁使用没有后盖和后盖没有盖好的仪表，否则有电击危险。

（2）当仪表正在测量时，不要接触裸露的电线、端子或正在测量的电路。

（3）测量交直流电压和交直流电流时，如果钳形万用表不带自动切换量程功能，请将转换开关旋至对应档位最大量程位置，切勿超过每个量程所规定的输入极限值，以防烧坏仪表。

（4）测量时档位旋转开关必须置于正确的量程档位，在档位旋转开关转换之前，必须断开表笔与被测电路的连接，以防烧坏钳形万用表。严禁在测量过程中直接切换档位旋转开关。

（5）使用钳形万用表测量电流时，应先检查卡钳铁芯的绝缘是否完好，钳口应清洁，无锈迹，钳口闭合后无明显的缝隙。

（6）使用钳形万用表测量电流时，被测导线应处在钳口中央，放入导线后钳口应自然闭合，否则会因漏磁严重而使所测数据不准确。

（7）使用钳形万用表测量大电流后，需要立即测量小电流，应开合铁芯数次，以消除铁芯中的剩磁，减小误差。

（8）每次测量后，将档位旋转开关旋至电源关闭位置。

（9）不要在高温、高湿、易燃、易爆和强磁场环境中存放、使用仪表。

四、数字万用表（不带钳口）

（一）分类

万用表可分为数字式和机械指针式万用表。其中数字式万用表具有灵敏度和准确度高、显示清晰、过载能力强、便于携带、使用简单等优点。

（二）可测参数类型

Ω——电阻　　　　　　　　　　　　　　V～——交流电压

℃——温度	V-——直流电压
F——电容	A～——交流电流
hFE——晶体三极管测试	A-——直流电流
o)))——二极管及通断测试	Hz——频率

（三）不同量程的选择

被测量参数的数值越接近所选择量程，则一般能保证误差越小。

（四）外观介绍

数字式万用表外形结构如图 1-2-9 所示。

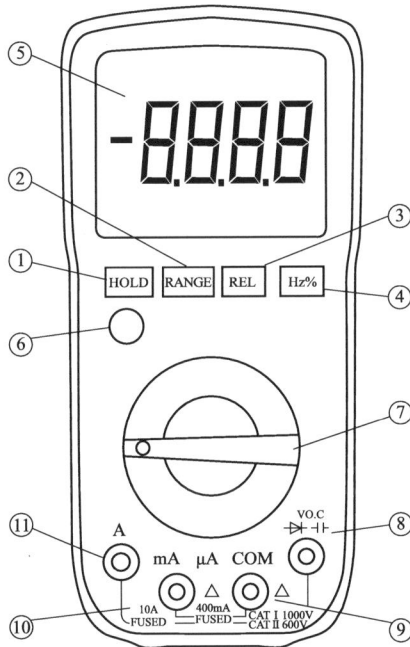

图 1-2-9　数字万用表外形图

①—数据保持；②—量程选择键；③—相对值测量键；④—占空比频率测量；⑤—LED 显示屏；

⑥—功能选择切换键；⑦—功能转换开关；⑧—输入插口；⑨—COM 输入插口；

⑩—mA μA 电流输入插口；⑪—A 电流输入插口。

注：

①测量线有红、黑之分，红为正、黑为负。黑表笔线只插"COM"，红表笔根据测量参数插入不同孔。

②测量电压、电流时，如果不知道被测值大小时，要从高量程往下测，有了基本读数，再用接近的量程测出其准确值。

③测量电阻时，要用低量程往上测，先用低欧姆去测，然后用接近的量程测量。

④读数。选择正确的档位和合适量程，直接读数。有时，如果屏幕显示为，则表示已超过量程范围，须将量程开关调高。

（五）万用表的使用技巧

1. 判断线路或器件是否带电

数字万用表的交流电压档很灵敏，即使有很小的感应电压都可以显示。根据这一特点，数字万用表可以当做测试电笔用，即：将万用表打到 AC 20V 档，黑笔悬空，手持红表笔与所测线路或器件相接触，这时万用表会有电压显示，如果显示数字在几伏到几十伏之间（不同的万用表会有不同的显示），表明该线路或器件带电，如果显示为零或很小，表明线路或器件不带电。

2. 区分导线是相线还是零线

第一种方法：可以用上述的方法判断：显示数字较大的就是相线，显示数字较小的就是零线，这种方法需要与所测的线路或器件接触。

第二种方法：不需要与所测的线路或器件接触。将万用表打到 AC 2V 档，黑表笔悬空，手持红表笔使笔尖沿线路轻轻滑动，这时表上如果显示为几伏，表明该线是相线，如果显示只有零点几伏甚至更小，则说明该线是零线。这样的判断方法不与线路接触，不仅安全而且方便快捷。

3. 寻找电缆的断点

当电缆线中出现断点时，传统方法是用万用表电阻档分段寻找电缆断点，这种方法浪费时间。利用数字万用表的感应特性可以很快地寻找到电缆的断点，具体方法如下：先用电阻档判断出是哪一根电缆芯线发生了断路，然后将发生断路芯线的一头接到 AC 220V 的电源上，随后将万用表打到 AC 2V 档的位置上，黑表笔悬空，手持红表笔，使笔尖沿线路轻轻滑动，通常表上显示有几伏或零点几伏的电压（因电缆型号不同而不同），如果移动到某一位置时表上的显示突然降低很多，记下这一位置，一般情况下断点就在这一位置的前方 10～20cm 之间的地方。

4. 测量 UPS 电源的频率

对于 UPS 电源来说，其输出端的电压稳定性是重要参数，其输出的频率也很重要。但是不能直接用数字万用表的频率档去测量，因为其频率档能承受的电压很低，只有几伏。这时可以在 UPS 电源的输出端接一个 220V/6V 或 220V/4V 的降压变压器，将电压降下来，而不改变电源现有的频率，然后将频率档与变压器的输出相接，就可以测量 UPS 电源的频率了。

五、计量装置综合测试仪

（一）概述

使用检查仪表是用电检查人员或计量人员在现场对错误接线检查和窃电定量分析计算的一种方法，使用的仪器仪表多种多样。计量装置综合测试仪具有（综合）误差测量，可测含电流互感器、表计组成计量装置的综合误差、电流互感器变比进行测量及铭牌校对、直观显示接线图，错误接线一目了然等功能，现使用的计量装置综合测试仪多种多样，现以 PEC-H3C 设备为例，介绍其使用方法及注意事项。

（二）计量装置综合测试仪的使用方法

1. 外形图及外部结构（见图 1-2-10）

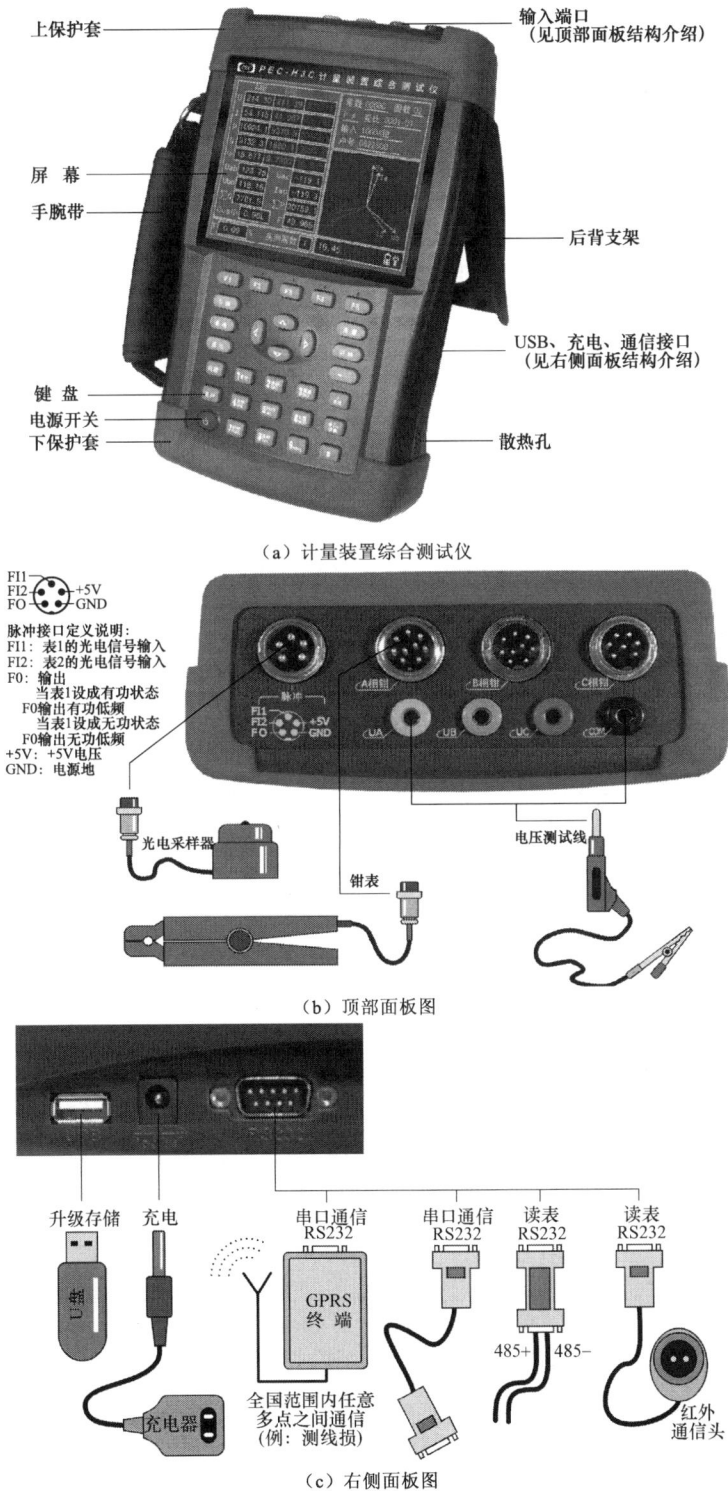

（a）计量装置综合测试仪

脉冲接口定义说明：
FI1：表1的光电信号输入
FI2：表2的光电信号输入
F0：输出
　　当表1设成有功状态
　　F0输出有功低频
　　当表1设成无功状态
　　F0输出无功低频
+5V：+5V电压
GND：电源地

（b）顶部面板图

（c）右侧面板图

图 1-2-10　计量装置综合测试仪外形图及外部结构

2. 仪器操作流程

仪器使用中严格按照操作流程进行，接好仪器端测试线→开启仪器电源→接电能表端测试线及钳表→设置检验参数→校验→拆除电能表端测试线→关闭仪器→拆除仪器端测试线。

注：钳表"+"为电流进、"−"为电流出，钳表中间颜色代表相别：黄-A 相、绿-B 相、红-C 相。

3. 仪器接线

在计量装置的检测过程中，首先要保证测试仪的接线正确，才能保证用仪测试判断出的结果正确无误，以下为测试仪的三种接线介绍。

（1）测试单相电能表接线方法。

对单相电能表进行检测分析时，采用单相接线，将测试电压线零线接在仪器公共端 COM 插孔，另一端接在所测电能表"零"线上。将测试线相线任接在仪器 U_A、U_B、U_C 电压插孔，另一端接在所测电能表"相"线上。选择与电压线相对应的 A、B、C 相电流钳表中一支夹到电能表电流线；脉冲输入装置接入电能表光电插座。接线如图 1-2-11 所示。

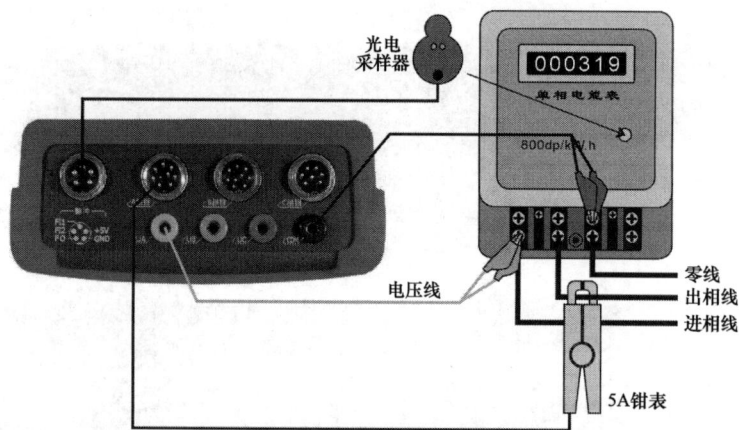

图 1-2-11　单相接线示意图

接线时应先在仪器端连接并可靠后，再将测试线接入带电的电能表，电源线接线时应先接零线，再接相线，仪器宜从相线的进线口取电压，钳表应接到相线出线上，否则会影响校验误差准确度；电流卡钳有方向性，钳住电流线时*花端必须靠电流线来电一侧，表示电流沿*花端进表方向。

（2）测试三相三线电能表接线方法。

在测试高压三相三线电能表时，采用三相三线接线，将黄、红、黑 3 根电压测试线接在仪器的 U_A、U_C、COM 电压插孔，另一端对应的接在三相三线电能表的 U_a、U_c、U_b 电压接线端子，仪器 A、C 相电流钳接入电能表 I_a、I_c，B 相电流钳不接入为空，脉冲输入装置接入电能表光电插座。接线如图 1-2-12 所示。

接线时应先在仪器端连接并可靠后，再将测试线接入带电的三相三线电能表，为了防止在钳表卡接时使电压线连接脱落发生短路或接地等，一般情况下先接电流钳表，再接电

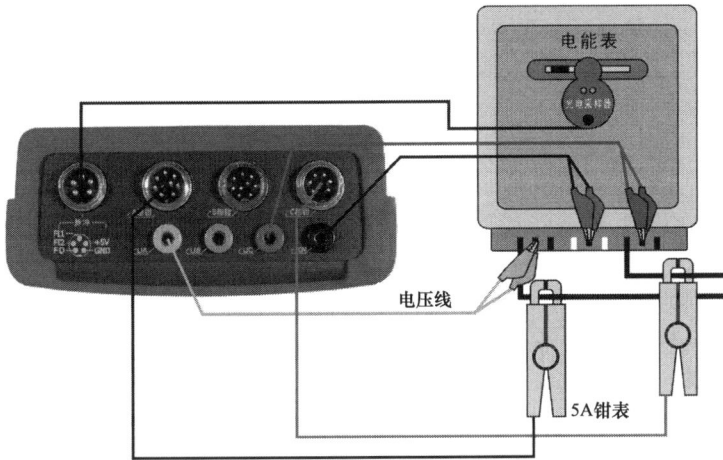

图 1-2-12　三相三线接线示意图

压测试线。电流钳表有方向性，接线时要注意极性端，接入三相三线电能表的电压互感器采用 Vv 接线，且二次侧单点接地，故实际 B 相电压为 0V，因此，仪器的电压测试线不接 U_B 接线插孔，而是接在 COM 公共端。

（3）测试三相四线电能表接线方法。

在测试三相四线电能表时，采用三相四线接线，将黄、绿、红、黑 4 根电压测试线对应接入仪器的 U_A、U_B、U_C、COM 电压插孔，另一端对应的接在三相四线电能表的 U_a、U_b、U_c、U_n 电压接线端子，仪器 A、B、C 相电流钳接入电能表 I_a、I_b、I_c，脉冲输入装置接入电能表光电插座。接线如图 1-2-13 所示。

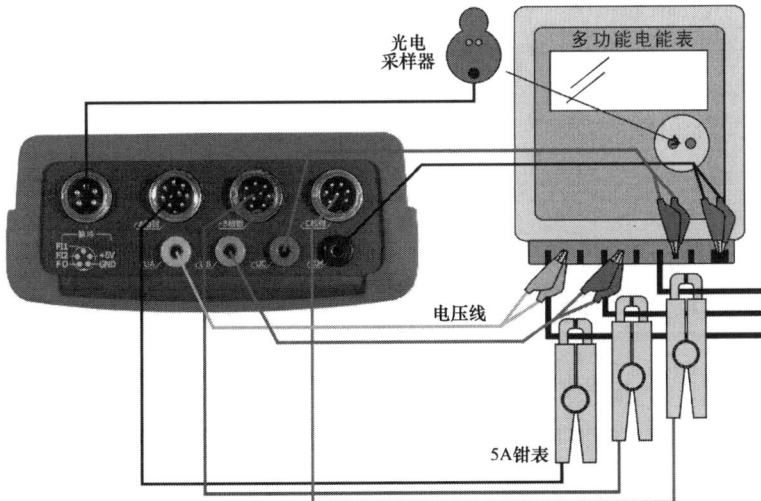

图 1-2-13　三相四线接线示意图

接线时应先在仪器端连接并可靠后，再将测试线接入带电的三相四线电能表，为了防止在钳表卡接时使电压线连接脱落发生短路或接地等，一般情况下先接电流钳表，再接电压测试线。电流钳表有方向性，接线时要注意极性端。

23

4. 电能表误差校验

在主界面下，按"设置"键，依次设置"常数""圈数""方式""输入"等参数，然后按"回车"键即显示电能表误差。

需要注意的是，误差测量时测定次数一般不得少于两次，取其平均值作为实际误差。不能以电能表的误差值判定接线是否正确，电能表误差在合格范围内不能判断为接线正确，若接入测试仪和电能表的接线相同，则测试仪显示的误差为电能表在错误接线或正确接线下的实际误差，要进行接线判别关键是要看相量图进行分析判断。

5. 低压电流互感器变比测量

在选择好一次电流的情况下，将大钳表置于仪器 A 相钳表接口、5A 钳置于仪器 C 相钳表接口，大钳表钳在 TA 一次，5A 钳表钳在 TA 二次，可测量一次电流值（I_1）、二次电流值（I_2）、一次电流与二次电流之间的夹角（$\varphi I_1 I_2$）及 TA 变比。该功能能方便地找出 TA 二次回路断路、接触不良以及 TA 内部的匝间短路等故障。

按照上述要求接好线后，观看测量数据，一次电流、二次电流是被测线路的实际电流值，而变比则为电流互感器的倍率，通过倍率可以判断变比是否正确。

若要对其他相进行变比测量，把大、小钳表分别夹到所要测量的相位上的 TA 电流线和电能表电流输入线上即可测量该相变比。

如果相角 $5° < \varphi < 10°$，则可能是 TA 的二次负载过重，包括接线柱接触不良，如果相角 $10° < \varphi < 90°$，则可能二次回路或互感器故障，相角 $\varphi \approx 180°$，则可能是一只钳表方向反了。

6. 接线检查分析

在不同的功率因数条件下，仪器识别的错误结果不一样，但每种功率因数下结果唯一。不同的功率因数条件下，仪器识别的错误结果不一样，因此须进一步判定用户当时的负载功率因数并选择。

当设备提示：接线异常，首先检查感性、容性选择是否正确，再确认仪器端接线，确认无误后可按查出的错误接线图改电能表的接线，再查线，结果应该正确。如为容性，应仔细核对功率因数是否正确。

（三）计量装置综合测试仪的注意事项

（1）仪器属于带电工作设备，须遵守安全生产的相关规定，严格执行电能计量装置现场校验操作规程；

（2）不能将脉冲线的夹子夹到电能表的电压端子，否则会损坏仪器；

（3）正确选择工作电源（注意：电源范围为 AC 57.7～480V）；

（4）正确选择电流量程，电流量程一般不要超过额定值的 100%；

（5）三相三线测量时 B 相电压必须接到电压端子的公共端 COM；

（6）每只钳表分正负端："+"端表示电流进、"−"端表示电流出，不得接错；

（7）钳表颜色代表相别：黄—A 相、绿—B 相、红—C 相；

（8）不同相的钳表不要互换使用，否则会影响测量精度；

（9）三相三线测量时，B 相电压线，B 相钳表不要接到仪器上，以免影响测量准确性；

（10）变比测量仅限低压系统，切记不能用仪器去测量高压系统的 TA 变比；

（11）在低压系统变比测量过程中，建议采用从测量端子供电源电压；

（12）检查工作时，发现 TA 二次有接触不良情况时，应首先将该 TA 二次端子短接，然后再去处理相应的故障；

（13）为了保证测量的准确性，应确保钳口干净。

模块二

专业技能

【教学目标】

（1）能简要说明电能计量装置的接线检查内容、注意事项。

（2）能正确叙述电能计量装置的接线检查分析方法。

（3）能正确对低压直接接入式单相电能表和直接接入式三相四线电能表出现开路、短路、接错、接线盒烧坏等现象造成的电能表失电压、分流、极性反接等情况进行检查，并予以处理。

（4）能正确对低压经互感器接入式三相四线电能表出现三相电压与电流不同相，二次电流回路短路、开路，极性反接，电压开路，互感器变比错误等现象造成的电能表故障情况进行检查，并予以处理。

（5）能正确对高压三相三线、三相四线电能表出现断相、相序正逆、电流极性正反向、电压相序正逆、反极性等现象造成的电能表故障情况进行检查，并予以处理。

【工作安全要求】

在开展计量接线检查工作时应严格遵守《中国南方电网有限责任公司电力安全工作规程》和《云南电网有限责任公司营销电气工作票实施细则》有关规定，并执行现场作业人员要求及安全注意事项。

1. 现场作业人员要求

（1）穿工作服、戴安全帽、穿工作鞋，佩戴员工证。

（2）作业人员不得少于两人，其中工作负责人（监护人）一人。严禁单独工作。

（3）作业人员必须经过专业技术知识、电气安全知识培训，并经过年度《安规》考试合格。

（4）作业人员必须清楚：工作任务、工作内容、工作要求、安全注意事项，应有丰富的现场工作经验。

2. 现场安全注意事项

（1）工作负责人应根据《云南电网有限责任公司营销电气工作票实施细则》要求，办理用户侧受电装置电气工作票、二次设备及回路工作安全技术措施单、营销现场工作任务布置单。

（2）工作负责人在工作前认真检查安全措施的实施情况，向工作班人员交待工作任务、讲解安全措施，交待工作要求、工作内容、工作范围、带电区域，指明危险点和其他注意事项。

（3）进入工作现场，必须按规定着装，必须戴安全帽。

（4）严禁工作人员在工作中移动、跨越或拆除遮栏。

（5）严禁运行中电压互感器二次回路短路或接地，严禁运行中电流互感器二次回路开路。

（6）工作时应看清带电间隔，与带电设备保持足够的安全距离。

（7）电能计量器具及仪器设备在运输中应有可靠、有效的防护措施，如防振、防尘、防雨措施等；搬运时应轻拿轻放，经过剧烈震动或撞击后的电能计量器具应重新检定。

（8）低压带电作业人员应穿绝缘鞋和全棉长袖工作服，戴低压绝缘手套或帆布手套、安全帽和护目镜，站在干燥的绝缘物上进行。

（9）低压带电作业人员应使用有绝缘柄的工具，其外裸露的导电部位应采取绝缘包裹措施，禁止使用锉刀、金属尺和带有金属物的毛刷、毛掸等工具。

（10）低压带电作业工作前，应采取绝缘隔离、遮蔽带电部分等防止相间或接地短路的有效措施；若无法采取遮蔽措施时，则将影响作业的带电设备停电。

3. 仪表等工器具检查

应对相位伏安表、万用表及其连接测试线等进行外观完好性检查，检查电池电量是否充足，即显示屏上不应出现"+－"符号，因电池不足将导致测量失准；电能表现场校验仪应在有效期内等。

第一单元　单相电能表错误接线检查

> **教学目的**：通过对本单元的学习后，能根据电能表面板指示，使用仪器测试电能表表尾电气参数，判断错误接线的类型。
> **教学重点**：单相电能表错误接线分析方法。
> **教学难点**：测量相关参数、写功率表达式、写更正系数。
> **教学内容**：单相电能表断相线、零线，相线零线接反、互感器极性接反等错误接线检查和处理的现场操作程序、检查内容、分析方法等。

一、直接接入式单相电能表的检查与处理

（一）现场直观检查与处理

（1）电能表潜动；

（2）电能表过负荷或雷击烧坏；

（3）电子式电能表脉冲输出异常；

（4）复费率电能表时钟偏差；

（5）机电式电能表卡盘。

以上故障一般均需要更换电能表。

（二）电能表接线盒内的检查与处理

（1）电能表接线盒电压挂钩打开或接触不良；

（2）电能表接线盒或表内有电流短接线；

（3）机电式单相电能表相线反接；

（4）单相电能表相线与中性线互换。

以上故障均需要现场处理或更正接线。

（三）带电检查

以实际负荷比较法（瓦秒法）为例，具体检查方法如下：

（1）测量数据。使用钳形电流表测定用户负荷电流，在负荷电流较为平稳时，计算用户在设定时间内电能表的转数或脉冲数，然后将测量数据代入以下公式中进行计算。

（2）计算功率。

$$P = \frac{3600 \times 1000 \times N}{C \times t}(\text{W})$$

式中

t——用秒表实测设定的电能表圆盘转数或脉冲数所耗时间，s；

N——在测定时间 t 内电能表圆盘的转数或脉冲数；

C——电能表常数，r/kWh 或 imp/kWh。

（3）结果判断。将计算功率与钳形电流表测量的负荷电流折算后得到的实际功率 P' 相比较，$P \approx P'$，电能表接线正确；反之，接线错误或电能表误差超差。

实际应用举例： 有一只 2.0 级单相直接接入电子式电能表，常数为 3200imp/kWh，电流 20（60）A，使用钳形电流表测得负荷电流约为 4.5A，当脉冲闪烁 8 次时，记录时间为 12s，请分析该电能表计量是否准确。

解： 根据实测时间计算电能表计量功率：

$$P = \frac{3600 \times 1000 \times N}{C \times t} = \frac{3600 \times 1000 \times 8}{3200 \times 12} = 750(\text{W})$$

不考虑功率因素情况下：$P' = UI = 220 \times 4.5 \approx 1000(\text{W})$

$$r = \frac{750 - 1000}{1000} \times 100\% = -25\%$$

可见，该电能计量装置不准确，转慢了。产生的原因可能有接线错误，可能有短路分流现象或电能表内部故障计量超差。

二、常见故障分析与处理

（一）直观检查可能发现的故障与处理

1. 电能表潜动

断开电能表输出电路（或拉开出线空开），使负荷电流为零，电能表仍然转动超过一圈或在规定时间内，电子式电能表仍然有脉冲输出，则判断为电能表潜动。

2. 电能表过负荷或雷击烧坏

观察电能表窗口和接线盒，当窗口出现明显雾状、熏黄或电能表接线端子过热变形、碳化等现象，则判断电能表烧坏。

3. 电子式电能表脉冲输出异常

根据电能表所接负荷大小判断。当电路接入正常负荷，电能表脉冲指示无响应，或脉冲输出频率与负荷大小不成比例（用瓦秒法），则判断电能表脉冲输出异常。

4. 复费率电能表时钟偏差

对复费率电能表，当电能表时钟与北京时间出现超过 $\pm5\text{min}$ 的偏差时，则判断为时钟超差。

5. 机电式电能表卡盘

当电路接入正常负荷，机电式电能表处于不转动或时转时停状态，则判断为电能表卡盘。

以上故障一般均需要更换电能表。影响电量要根据故障发生的实际时间和用户正常负荷进行计算。当故障时间无法确定时，按照《供电营业规则》等有关规定进行退补。

（二）打开接线盒或检查电能表接线发现的故障与处理

（1）电能表接线盒电压挂钩被打开、接触不良或使用其他方法未供入电能表计量电压。如图 2-1-1 所示，可导致电能表因失压（欠压）不走字，或时走时停。因其电表转动机构失压，所以功率表达式为：$P = 0 \times I \cos\varphi = 0$。

（2）电能表接线盒或表内有电流短接线。如图 2-1-2 所示，短接起到分流作用，减少进电能表电流线圈的端电流，可导致电能表少计电量。因其计量电流小于实际电流：$0 \leqslant P < P'$，所以功率表达式为：$(P = U_{LN} I \cos\varphi) < P'$

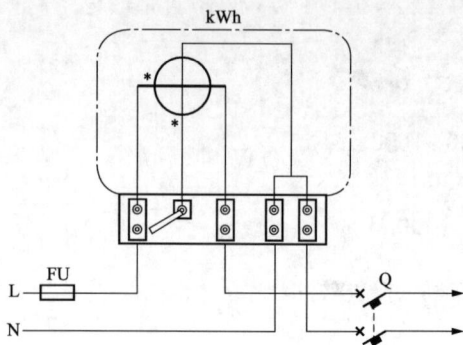

图 2-1-1　单相电能表电压钩故障图

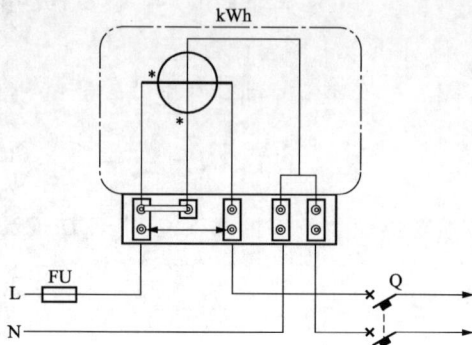

图 2-1-2　单相电能表电流线圈短接图

（3）单相电能表电流极性反接。如图 2-1-3 所示。

将导致电能表反转，在不考虑反转的附加误差时，倒走的用电量就是实际用电量。电流极性反接时，电能表转动机构电流线圈内流过的电流与正常计量时的电流大小相等、方向相反。相量图如图 2-1-4 所示，功率表达式为：$P = U_{LN} I_{NL} \cos(180° - \varphi) = -UI \cos\varphi$

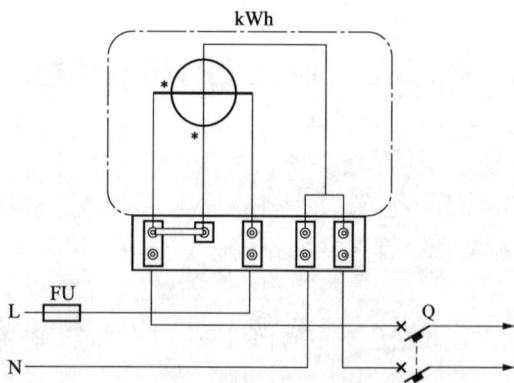

图 2-1-3　单相电能表电流极性反接图

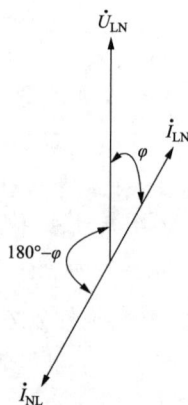

图 2-1-4　单相电能表电流极性反接相量图

机械式单相电能表如反转前电量已计收，只需追收倒走的电量；若反转前电量未计收，则应追收倒走电量的两倍（即反转抵消正转部分的电量和实际反转发生的电量部分）。电子式电能表有反走正计的功能，电流极性反接不影响电子式电能表计量（双向计量电子式电表，倒走电量为反向有功电量）。

（4）单相电能表相线与中性线互换，如图 2-1-5 所示。

电能表电流线圈流进反向电流，电压线圈加反向电压，电压、电流同时反向，其相位差与正常计量时相同，理论上不影响正确计量，但此种接线不规范，当在表后相线接入负荷，负荷的另一端直接接地，会造成不计量的故障，让窃电户有机可乘。其相量图如图 2-1-6 所示，功率表达式为：$P = U_{NL} I_{NL} \cos\varphi = UI \cos\varphi$。

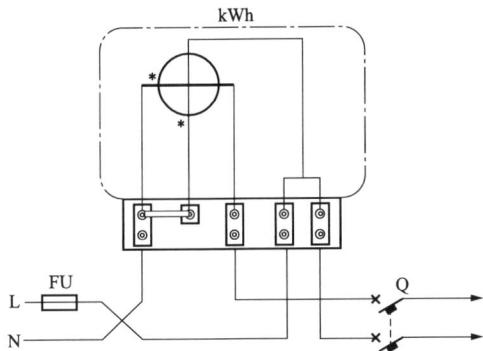

图 2-1-5 单相电能表相线与中性线互换图

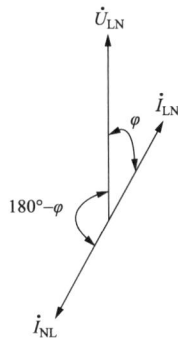

图 2-1-6 单相电能表相线与中性线互换相量图

三、注意事项

低压直接接入式单相电能表是电网中数量最大的电能计量装置，因接线方式相对简单，检查难度较小，现场故障主要是安装质量隐患、负荷过度波动造成接触发热、表计过载受损、雷击等类型故障较多，此类故障大多涉及电量退补，处理时要特别注意：

（1）现场故障形态的保全和责任确认（用户签字），避免电量损失。

（2）接线错误类计量故障的检查要确保安全，谨防误碰其他带电体，威胁人身安全。需要停电的，按程序停电检查。

（3）依据表计的接线原理，选择适当的方法，确认故障原因，按照营销管理程序，处理故障电量。

第二单元　三相四线制电能表错误接线检查

教学目的： 通过对本单元的学习后，能根据电能表面板指示，使用仪器测试电能表表尾电气参数，判断错误接线的类型；掌握三相四线电能表错误接线检查的现场操作程序、检查内容、分析方法以及故障处理方法。

教学重点： 使用仪器测试电能表表尾电气参数，判断错误接线的类型。

教学难点： 三相四线高压电能计量装置电压相序正逆、电流相序正逆，表尾进出线接反，TV 二次极性反接、断相，TA 二次极性反接、短路等错误接线检查和处理；计算更正系数，补退电量。

教学内容： 低压直接接入式三相四线电能表、经 TA 接入三相四线电能表、高压三相四线电能计量装置电压相序正逆、电流相序正逆，表尾进出线接反，TV 二次极性反接、断相，TA 二次极性反接、短路等错误接线检查和处理；计算更正系数，补退电量。

一、三相四线电能表错误接线检查常用分析方法与步骤

三相四线制电能表一般安装在用户端，环境条件相对复杂。在运行中经常会发生一些电能表接线开路、短路、接错、接线盒烧坏等现象，造成电能表失压、极性接反、分流等情况，影响正确计量。

（一）检查分析方法

1. 实际负荷比较法

将电能表反映的功率与电能计量装置实际所承载的功率比较，也可根据线路中的实际功率，计算出电能表转动一定圈数所需的时间与实际测得时间进行比较，以判断电能计量装置是否正常，这种方就是实负荷比较法，一般称为瓦秒法。

具体检查方法是：用一只秒表计录电能表转盘转动 N 转（电子式电能表为 N 个脉冲）所用的时间 t（s），然后根据电能表常数求出电能表计量功率，将计算的功率值与线路中负荷实际功率值相比较，若二者近似相等，则说明电能表接线正确；若二者相差甚远，超出电能表的准确度等级允许范围，则说明电能计量装置接线错误或电能表误差超差。运用实负荷比较法时，要求负荷功率在测试期间相对稳定，若波动过大会降低判断的准确性。

负荷功率的计算公式如下：

$$P = \frac{3600 \times 1000N}{Ct} \text{ 或 } P = \frac{3600 \times 1000N}{Ct}$$

式中

P——负荷功率，W；

C——电能表常数，有功：r/kWh（imp/kWh）；无功：r/kvarh（imp/kvarh）。

2. 逐相检查法

在三相四线电能表三相接入有效负荷的条件下，断开另外两个元件的电压连接片，让某一元件单独工作，观察电能表转动或脉冲闪烁频率，若电能表继续正转或闪烁，则说明该相接线正确，这种现场检查方法就是逐相检查法。

具体操作方法为：若检查 A 相（第一元件），断开电能表的 B、C 相电压连接片，使第二、三元件失压，此时电能表转动趋势明显减慢且正转，则说明 A 元件接线正确。若电能表反转，则该组件接线错误。若电能表不转，又排除了 A 相负荷为零或非常小的情况，就说明第一元件存在电流回路短接、开路或电压回路断线等问题。以此类推，可分别判断其他两相是否正常。

3. 电压电流法

使用万用表与钳形电流表测量电能表接入电压、电流，通过正常运行状态下电压、电流值比较，从而判断计量装置是否正常，这种方法就是电压、电流法。

（1）三相四线电能表接线原理图如图 2-2-1 所示。选择万用表适当的电压档位，然后用测试表笔在三相四线有功电能表的电压接线端子上分别对一、二、三元件进行采样。因一元件的电压是从三相有功电能表端子②引入，二元件的电压是从端子⑤引入，三元件的电压是从端子⑧引入，电压线圈的公共端及 U_n 为⑩，故一元件的电压应在端子②～⑩上采样，二元件的电压应在端子⑤～⑩上采样，三元件的电压应在端子⑧～⑩上采样。正常情况下三元件相电压采样结果均应为 220V 左右，②～⑤、⑤～⑧、⑧～②线电压一般在 380V 左右，如果测得的各相电压相差较大，说明电压回路存在断线或回路阻抗异常情况。

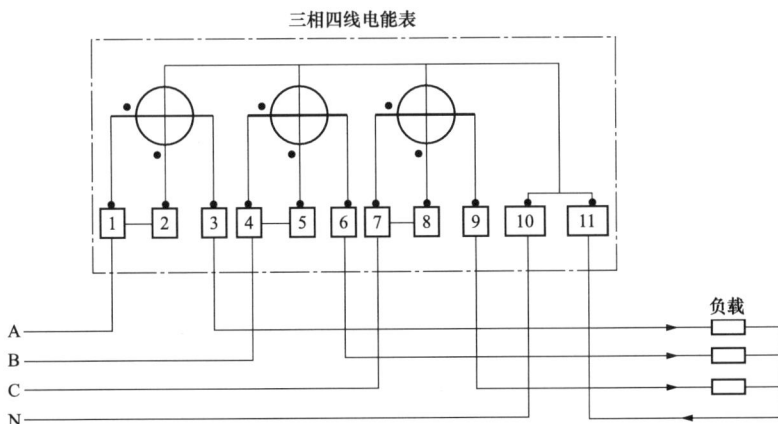

图 2-2-1 三相四线电能表接线原理图

（2）三相电压有零值时，可能是电压回路断相，回路处于缺相运行状态。

（3）当三相负荷基本平衡时，电能表总计量 $P=P_1+P_2+P_3$ 如发生断相故障，会影响用户正常用电，不会影响电能表计量。

（4）如果电能表内部电压元件故障，则需要考虑对电量的影响量。只有当三相负荷相对平衡时，才存在一个元件影响量为 1/3 的关系。现场需要根据具体情况，采取相应的手段，确认差错电量，进行电量退补。

（5）将钳形电流表置于适当的档位，然后将电流钳分别夹三相四线电能表端子①、④、⑦引入线上，此时显示的测试结果即为一元件、二元件、三元件的电流有效值。此时，并不能判定元件电流方向。

（6）当电流极性反时（某一相或两相进出线接反），如一相接反，当三相负荷平衡时，电能表只记录实际用电量的 1/3。如两相接反，电能表反转，故障期间，电能表记录倒退电量数为正确用电量计量的 1/3，即更正系数为−3，更正率为−400%，应补错误时电量的4倍（不计反转的附加误差）。

4. 相量图法

相量图法就是通过测量与功率相关量值来比较电压、电流相量关系，从而确定接到电能表中的究竟是什么电压？什么电流？

（1）相量图法的适用条件。

①电压基本对称。②电压、电流比较稳定。③已知负荷性质（感性或容性）。

（2）相量图分析的三符合原则。

①各电压相量间和各电流相量间的相位关系分别"符合正相序"。②同相电压与电流相量间的相位差分别"符合随相关系"。③各相量之间的关系"符合正常情况"。

（二）相量图法的具体步骤（见表 2-2-1）

表 2-2-1　　　　　三相四线电能表相量图法的具体步骤

步骤	内　容	方　法	备　注
1	测量电压	（1）测量相电压 U_1、U_2、U_3。 （2）测量线电压 U_{12}、U_{23}、U_{31}	（1）测量电压互感器有无开路情况，如有一相相电压为 0，说明其开路。 （2）测试电压互感器有无同相或反接，如果测量线电压为 0，说明同相；如果测试的线电压两个为 57.7V，另一个为 100V，则说明有一只电压互感器极性反
2	测量电流	用相位伏安表卡钳测量 I_1、I_2、I_3	电流 10A 档，如果电流较小，应选择更小量程测量
3	确定 U_A	模拟装置上设置了 A 相电压参考点，即"U_A"。将一支表笔插入 U_A，另一支表笔分别插入 U_1、U_2、U_3，当表计显示数值为 0 时，说明该相与 U_A 同相，即可确定	确定电能表上 U_A 的实际接线位置（电压 500V 档）
4	测量电压相位（确定相序）	以 $\dot{U}_1$ 为参考相量，测量 $\dot{U}_1$ 与 $\dot{U}_2$ 之间的相位角，并判定相序	如果 $\dot{U}_1$ 超前 $\dot{U}_2$ 120°，说明为正相序；如果 $\dot{U}_1$ 超前 $\dot{U}_2$ 240°，说明为逆相序
5	测量电压电流间的相位角	以 $\dot{U}_1$ 为参考相量，测量 $\dot{U}_1$ 超前 $\dot{I}_1$、$\dot{I}_2$、$\dot{I}_3$ 的角度	根据相量图的角度找出 $\dot{I}_1$、$\dot{I}_2$、$\dot{I}_3$ 在相量图中的位置

续表

步骤	内　容	方　法	备　注
6	绘制错误接线相量图	根据电压、电流之间的相位关系绘制相量图	由于电源电压永远是正相序的，因此从基准相顺时针往后的电压分别是 $\dot{U}_\text{A}$、$\dot{U}_\text{B}$、$\dot{U}_\text{C}$。根据"三符合"原则确定 $\dot{I}_\text{A}$、$\dot{I}_\text{C}$
7	判定错误接线结论并进行更正	第一元件：$\dot{U}_1$、$\dot{I}_1$ 第二元件：$\dot{U}_2$、$\dot{I}_2$ 第三元件：$\dot{U}_3$、$\dot{I}_3$	判定表尾电压、电流接入方式；表尾电流反接相；TA 二次极性反接相
8	绘制错误接线电路图	根据错误接线结论画出各元件电压、电流引线及 TA、TV 连线引线实际错误电路图	
9	写出错误接线下的功率表达式	$P' = P'_1 + P'_2 + P'_3$ $P = 3U_\text{ph}I_\text{ph}\cos\varphi$	φ 为对应元件电压电流相量的夹角
10	计算更正系数	$K = \dfrac{P}{P'}$	P 为正确接线功率表达式，P' 为错误接线功率表达式（最简式）
11	计算退补电量	$\Delta W=(K-1)W'$	W' 为错误接线期间抄见电量（kWh）

二、直接接入的三相四线电能表的检查实训

（一）通过直接观察可能发现的故障

1. 电能表潜动

断开电能表输出电路，使负荷电流为零，电能表仍然转动超过一转或在规定的时间内，电子式电能表仍然有脉冲输出，则判断为电能表潜动。

2. 电能表过负荷或雷击烧坏

观察电能表窗口和接线盒，当窗口出现明显雾状、熏黄或电能表接线端子过热变形、碳化等现象，判断电能表烧坏。

3. 电子式电能表脉冲输出异常

根据电能表所接负荷大小判断。当电路接入正常负荷，电能表脉冲指示无响应，或脉冲输出频率与负荷大小不成比例（用瓦秒法），则判断电能表脉冲输出异常。

4. 复费率电能表时钟偏差

对复费率电能表，当电能表时钟与北京时间出现超过 ±5min 的偏差时，判断为时钟超差。

5. 机电式电能表卡盘

当电路接入正常负荷，机电式电能表处于不转动或时转时停状态，属于电能表卡盘。

以上故障一般均需要更换电能表。影响电量要根据故障发生的实际时间和用户正常负荷进行计算。当故障时间无法确定时，按照《供电营业规则》等有关规定进行退补。

（二）需要打开接线盒或检查电能表接线才能发现的故障

（1）电能表接线盒电压挂钩打开或接触不良，可导致三相四线电能表少计电量，如图 2-2-2 所示。

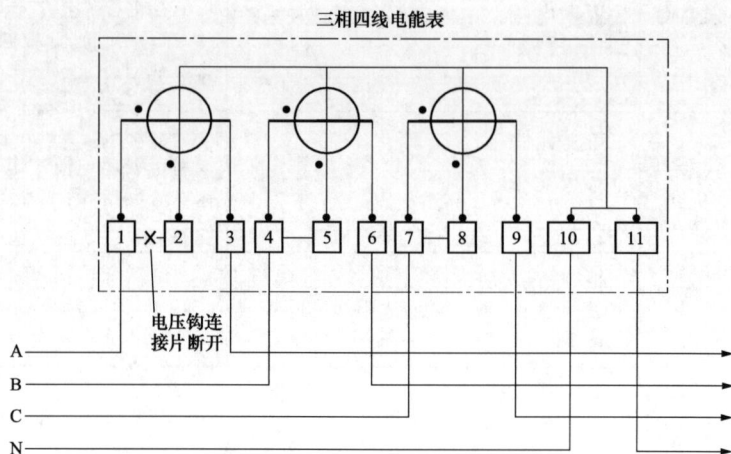

图 2-2-2　A 相电压钩连接片断开图

（2）电能表接线盒或表内有电流短接线。短接起到分流作用，会导致电能表少计或不计电量。例如，电能表 A 相电流内部被短接，B 相电流外部被短接，此时，电能表一元件和二元件中流过的电流很小，如图 2-2-3 所示。

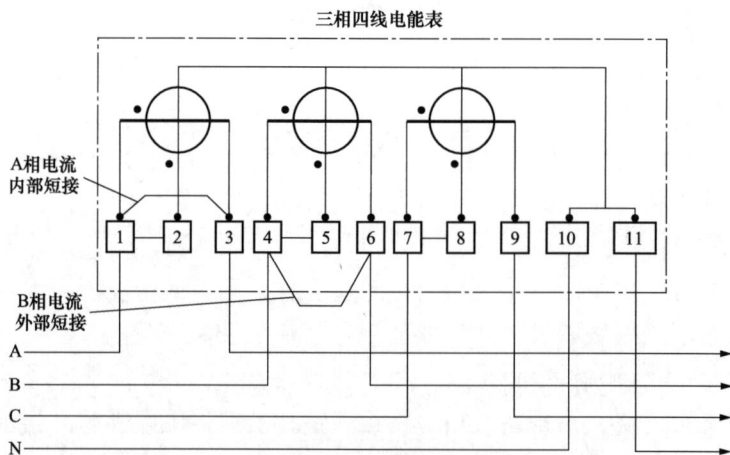

图 2-2-3　电流线圈被短接图

（3）直接接入的三相四线电子式电能表，若有一相电流极性反，当三相负荷平衡时，电能表只记录实际用电量的 1/3，如图 2-2-4 所示；若三相电流极性均接反，电量记录在反向有功电量中，对反向有功电量需进行追补；如两相接反，电能表反转，故障期间，电能表记录倒退电量数为正确用电量计量的 1/3，即更正系数为 -3，更正率为 -400%，应补错误时电量的 4 倍（不计反转的附加误差）。

（4）三相四线电能表若相线与中性线互换，则电能表有两个元件将承受线电压（正常时应为相电压），电能表将出现烧损现象。如 A 相与中性线互换，一元件电流线圈流进负电流，电压线圈加反向电压，电压、电流同时相反，其相位差仍为 φ，理论上一元件不影响正确计量，但第二、第三元件将承受线电压 380V，此时将导致电能表烧毁。如图 2-2-5 所示。

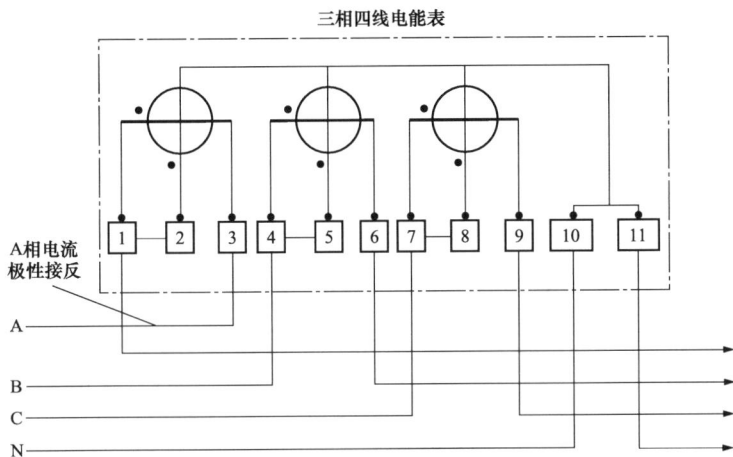

图 2-2-4　A 相电流极性接反图

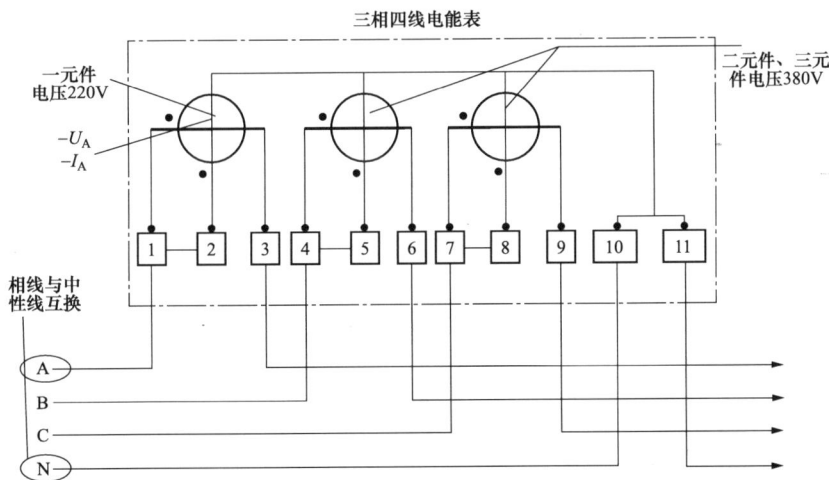

图 2-2-5　相线与中性线互换图

（三）直接接入的三相四线电能表错误接线检查

电压逆相序，电流正相序（电压与电流不同相）时：

（1）电压、电流的测量。

用万用表或相位表分别测量 U_1、U_2、U_3 相对地电压值。测量 U_{12}、U_{23}、U_{31} 间的线电压及三相电流 I_1、I_2、I_3。

（2）参考电压的确定。

在模拟装置上设置了 A 相电压参考点，用相位伏安表分别测量 U_1、U_2、U_3 三端与参考点之间的电压 U_{10}、U_{20}、U_{30}，电压为 0 的相即为 A 相电压端。测量结果见表 2-2-2。

表 2-2-2   测 量 结 果

U_{10} 对 U_A 参考点	U_{20} 对 U_A 参考点	U_{30} 对 U_A 参考点
220V	0	220V
$\dot{U}_A = \dot{U}_2$		

在实际现场工作中，无法确定 U_A 相电压参考点，一般取第一元件的电压 U_1 为参考点，然后用相序表或相位伏安表测量出相序即可。

（3）各元件电压相序的确定。

测量 $\dot{U}_1$ 与 $\dot{U}_2$ 之间的相位角，正相序时 $\dot{U}_1$ 超前 $\dot{U}_2$ 120°，逆相序时 $\dot{U}_1$ 超前 $\dot{U}_2$ 240°。据此可判别各元件电压 $\dot{U}_1$、$\dot{U}_2$、$\dot{U}_3$ 的相序，测量结果见表 2-2-3。

表 2-2-3   测 量 结 果

第一种			第二种		
$\dot{U}_1$	$\dot{U}_2$	$\dot{U}_3$	$\dot{U}_1$	$\dot{U}_2$	$\dot{U}_3$
240°	0°（参考点）	120°	120°	0°（参考点）	240°
相序：正相序			相序：逆相序		

（4）根据参考电压和相序确定电压相别。

根据以上测量结果，确定 $\dot{U}_A = \dot{U}_2$，第一种测量结果为正相序，从而确定 $\dot{U}_1 = \dot{U}_C$，$\dot{U}_3 = \dot{U}_B$，即相序为 CAB；第二种测量结果为逆相序，从而确定 $\dot{U}_1 = \dot{U}_B$，$\dot{U}_3 = \dot{U}_C$，即相序为 CBA。

（5）用相位伏安表测量各元件电流与电压的相位关系。

分别测量 $\dot{U}_1$ 对 $\dot{I}_1$、$\dot{U}_2$ 对 $\dot{I}_2$、$\dot{U}_3$ 对 $\dot{I}_3$ 三个相电压与相电流的角度，也可以分别测量 $\dot{U}_1$ 对 $\dot{I}_1$、$\dot{I}_2$、$\dot{I}_3$ 的角度，根据测量结果画出相量图。

（6）判定电压和电流相别及接线方式。

由于直接接入的三相四线电能表电压一般采用电压钩，不会出现电压与电流不同相的情况，当逆相序时，不影响电能表有功计量，但无功计量为负值，在计算功率因数时，是取正向无功与反向无功的绝对值之和，因此，不影响正常计量，但电能表会出现逆相序报警，原则上均要求按正相序接线。

直接接入式三相四线电能表正确接线图、相量图如图 2-2-6 所示。

（7）电能表功率表达式。

设三相负载对称，功率表达式如下：

$$P = P_1 + P_2 + P_3$$
$$= U_A I_A \cos\varphi_A + U_B I_B \cos\varphi_B + U_C I_C \cos\varphi_C$$
$$= 3UI \cos\varphi 。$$

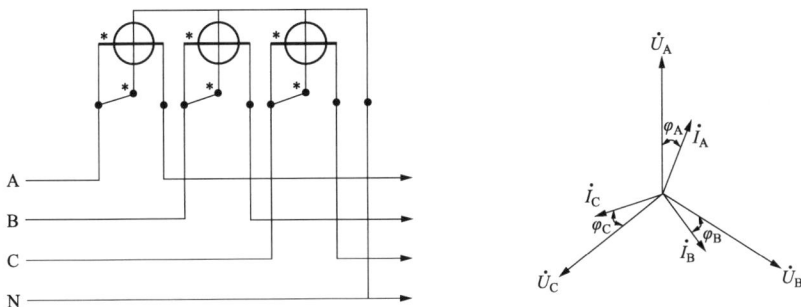

图 2-2-6　三相四线有功电能表接线图和相量图

三、经互感器接入的低压三相四线电能表的检查实训

（一）与直接接入式的区别

根据《南方电网公司电能计量装置典型设计》要求，当负荷电流大于 50A 时，应采用经互感器接入方式的电能表，在计算电量时，抄见电量需乘以电流互感器的倍率。其接线图如图 2-2-7 所示。

（二）分析方法—相量图法

1. 三相四线电能表相量关系

当三相四线电能表接入感性对称负荷时，其相量关系如图 2-2-8 所示。

三相四线电能计量功率表达式：（设三相负荷对称）

$$P = P_1 + P_2 + P_3 = U_A I_A \cos\varphi_A + U_B I_B \cos\varphi_B + U_C I_C \cos\varphi_C = 3UI\cos\varphi \text{。}$$

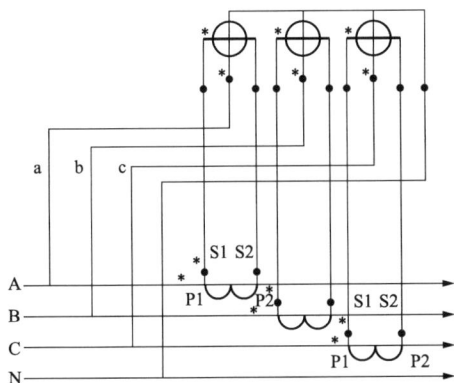

图 2-2-7　经 TA 接入三相四线电能表的接线图

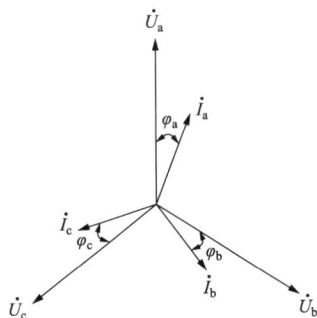

图 2-2-8　三相四线电能表（感性负荷）相量图

2. 相量图法的适应条件

相量图法就是通过测量与功率相关量值来比较电压、电流相量关系，从而判断电能表的接线方式，它的适应条件是：

（1）三相电压已知，且基本对称。

（2）电压、电流比较稳定。

（3）已知负荷性质（感性或容性），功率因数波动较小且三相负荷基本平衡。

（三）错误接线相量图法分析

例1 三相四线电能表电压正相序 A、B、C，而电流正相序是 I_b、I_c、I_a 的接线方式，接线图、相量图如图 2-2-9 所示。

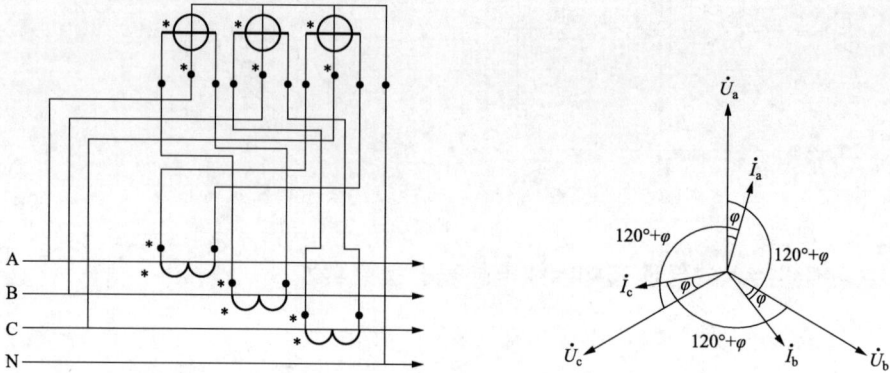

图 2-2-9　三相四线电能表错误接线和相量图

功率表达式：

$$P' = P'_1 + P'_2 + P'_3 = U_a I_b \cos(120° + \varphi_b) + U_b I_c \cos(120° + \varphi_c) + U_c I_a \cos(120° + \varphi_a)$$

设三相负荷平衡，则

$$P = 3UI(\cos120° + \varphi) = 3UI\cos(60° - \varphi)$$

更正系数：

$$K = \frac{P}{P'} = \frac{3UI\cos\varphi}{-3UI\cos(60° - \varphi)} = \frac{3UI\cos\varphi}{-\frac{3}{2}UI\cos(1 + \sqrt{3}\tan\varphi)} = -\frac{2}{1 + \sqrt{3}\tan\varphi}$$

由此可见，在感性负载是电能表反转，容性负载时电能表反转。

例2 三相四线电能表电压正相序 A、B、C，而电流逆相序 I_a、I_c、I_b 的接线方式，接线图、相量图如图 2-2-10。

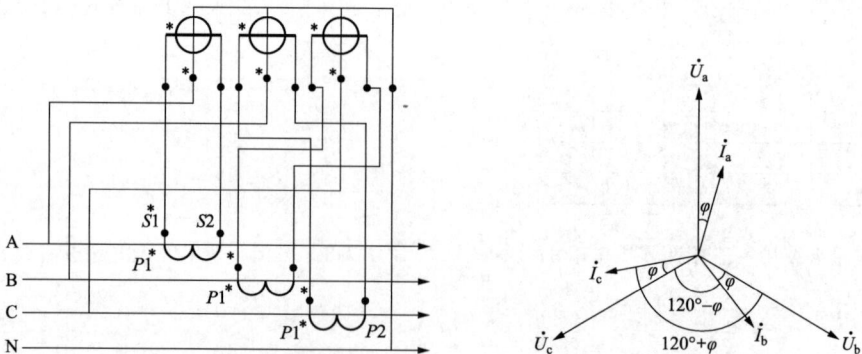

图 2-2-10　三相四线电能表电压正相序，电流逆相序接线图和相量图

功率表达式：

$$P' = P'_1 + P'_2 + P'_3$$
$$= U_a I_a \cos\varphi_a + U_b I_c \cos(120° + \varphi_c) + U_c I_b \cos(120° - \varphi_b)$$

设三相负荷平衡，则

$$P' = UI\cos\varphi - UI\cos(60° - \varphi) - UI\cos(60° + \varphi)$$

$$= UI\cos\varphi - UI\left(\frac{1}{2}\cos\varphi + \frac{\sqrt{3}}{2}\sin\varphi\right) - UI\left(\frac{1}{2}\cos\varphi - \frac{\sqrt{3}}{2}\sin\varphi\right)$$

$$= UI\left(\cos\varphi - \frac{1}{2}\cos\varphi - \frac{\sqrt{3}}{2}\sin\varphi - \frac{1}{2}\cos\varphi + \frac{\sqrt{3}}{2}\sin\varphi\right)$$

$$= 0$$

更正系数：

$$K = \frac{P}{P'} = \frac{3UI\cos\varphi}{0} = \infty$$

功率表达式之和为零，电能表停转，更正系数无意义。

退补电量：

功率表达式之和为零的，电能表停转，退补电量根据《供电营业规则》第八十条第 3 款规定，以用户正常月份的用电量为基准进行退补电量。

例 3 三相四线电能表电压正相序 A、B、C，电流正相序是 $-I_a$、I_b、I_c 接线方式，接线图和相量图如图 2-2-11 所示。

功率表达式：

$$P' = P_1' + P_2' + P_3'$$

$$= U_a(-I_a)\cos(180° - \varphi_a) + U_b I_b \cos\varphi_b + U_c I_c \cos\varphi_c$$

设三相负荷平衡，则

$$P' = -UI\cos\varphi + UI\cos\varphi + UI\cos\varphi$$

$$= UI\cos\varphi$$

更正系数

$$K = \frac{P}{P'} = \frac{3UI\cos\varphi}{UI\cos\varphi} = 3$$

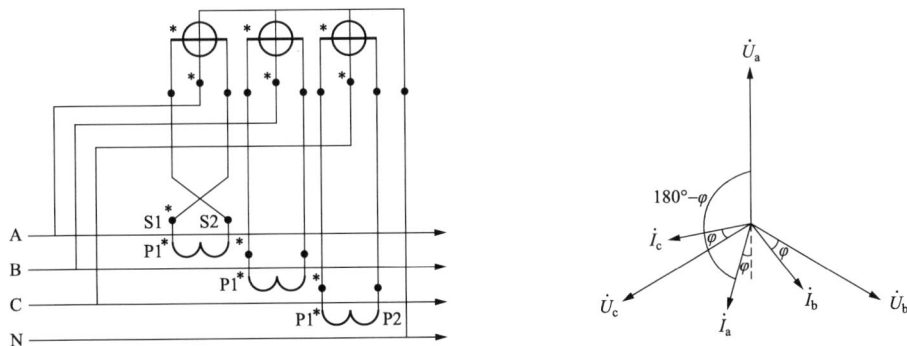

图 2-2-11　接线图和相量图

A 相电流极性反，电能表只计量 1/3，少计 2/3 的电量，更正系数为 $K=3$，更正率为 $\varepsilon=(K-1)\times100\%=200\%$，即应追补错误接线期间电能表所计电量的两倍。

经电流互感器接入的低压三相四线有功电能表，在无失流、断压的情况下，根据电压相序、电流极性和相别对应关系的组合，其接线组合共有 6×48=288 种。但由于三相四线有功电能表作用于各元件的电压均为相电压，总有功功率为三组元件的代数和，因此，在每种电压相序（ABC、BCA、CAB、ACB、BAC、CBA）与 48 种电流对应关系的接线图中，其相量图、功率表达式、更正系数均一对一的相同，例如：电压为 U_a、U_b、U_c 与电流 I_a、$-I_b$、I_c、电压为 U_b、U_a、U_c 与电流 $-I_b$、I_a、I_c、电压为 U_a、U_c、U_b 与电流 I_a、I_c、$-I_b$ 等 6 种的相量图、功率表达式、更正系数均相同。现以电压相序为 ABC 为例，其 48 种接线类型的相量图、功率表达式、更正系数等详见附表 2。

（四）低压三相四线有功、无功电能表相序影响分析

1. 三相四线有功电能表

三相四线电路中有功电能的测量一般采用三相四线有功电能表，因三相四线电路可看成是三个单相电路组成的，其总功率为各相功率之和，不论接入三相四线有功电能表的相序是正相序或逆相序，只要电压相序与电流相序相对应，其相量图、有功功率表达式均相同，理论上都能正确计量。但值得注意的是，因三相电能表都是按正相序校验的，若实际使用时接线相序与校验时的相序不一致，便会产生附加误差，特别是多功能电能表，当相序接反时，电能表将出现"逆相序"并根据功能设置发出报警。因此，在三相四线有功电能表的接线中，应按正相序接线。

2. 三相四线无功电能表

在电力系统中，不仅要正确记录有功电能，还要记录无功电能，由此来求得某一段时间内用户平均功率因数，当用户每月或每个算费周期内的平均功率因数高于或低于标准功率因数时，国家在依据功率因数调整电费的办法中规定了减收或增收电费的百分数，供电企业根据规定进行力率调整电费。因此，正确计量无功电能同样具有重要的意义。

现以跨相 90°型三相无功电能表为例说明，跨相 90°型三相无功电能表实际上和一只三相三元件有功电能表的结构完全相同，只不过电压线圈施加的电压不是相电压而是线电压，也不需要接零线，其接线如图 2-2-12 所示。

规范化接线原则为：三相无功电能表第一元件接 $\dot{U}_{bc}$ $\dot{I}_a$，第二元件接 $\dot{U}_{ca}$ $\dot{I}_b$，第三元件接 $\dot{U}_{ab}$ $\dot{I}_c$，相量图如图 2-2-13 所示：

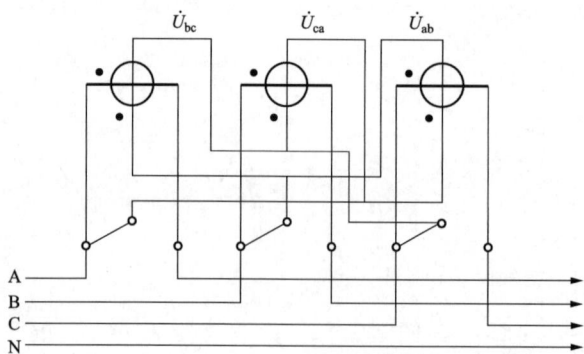

图 2-2-12　三元件无功电能表直接接入时接线图　　　图 2-2-13　无功电能表相量图

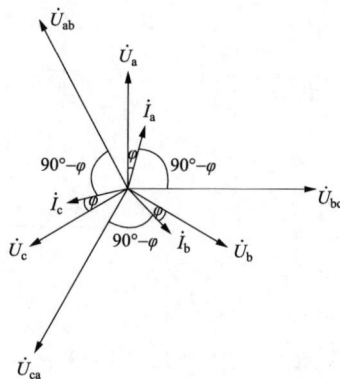

则三组元件反映的无功功率分别为

$$Q_1 = U_{bc}I_a \cos(90° - \varphi) = U_{bc}I_a(\cos 90° \cos \varphi + \sin 90° \sin \varphi) = U_{bc}I_a \sin \varphi$$

$$Q_2 = U_{ca}I_b \cos(90° - \varphi) = U_{ca}I_b(\cos 90° \cos \varphi + \sin 90° \sin \varphi) = U_{ca}I_b \sin \varphi$$

$$Q_3 = U_{ab}I_c \cos(90° - \varphi) = U_{ab}I_c(\cos 90° \cos \varphi + \sin 90° \sin \varphi) = U_{ab}I_c \sin \varphi$$

当三相负载对称时，则

$$Q = Q_1 + Q_2 + Q_3 = \sqrt{3}UI \sin \varphi$$

其中，U 为相电压。从式中不难看出，实际作用于无功电能表的电压为线电压，要使功率表达式中的电压为相电压，则需乘以 $\sqrt{3}$。可见，按跨相 90°无功电能表接线，电能表反映的功率是三相负荷总无功功率的 $\sqrt{3}$ 倍，将三相电能表的读数除以 $\sqrt{3}$，便是被测的无功电能。实际上厂家在制造电能表时，将每组元件电流线圈的匝数分别减少 $\sqrt{3}$ 倍，可直接读出数值。

前面所述，只要保证电压与电流同相，三相有功电能表不论是逆相序还是正相序，理论上它的相量图和功率表达式均相同，而三相无功电能表相序对其有什么影响，下面以逆相序 BAC 对无功电能表的接线进行分析，其接线如图 2-2-14 所示。

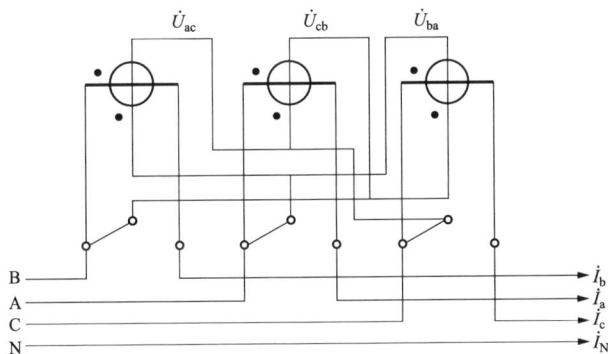

图 2-2-14　三相无功电能表逆相序接线图

三相无功电能表第一元件接 $\dot{U}_{ac}\ \dot{I}_b$，第二元件接 $\dot{U}_{cb}\ \dot{I}_a$，第三元件接 $\dot{U}_{ba}\ \dot{I}_c$，其相量图如图 2-2-15 所示：

则三组元件反映的无功功率分别为

$$Q_1 = U_{ac}I_b \cos(90° + \varphi)$$
$$= U_{ac}I_b(\cos 90° \cos \varphi - \sin 90° \sin \varphi)$$
$$= -U_{ac}I_b \sin \varphi$$

$$Q_2 = U_{cb}I_a \cos(90° + \varphi)$$
$$= U_{cb}I_a(\cos 90° \cos \varphi - \sin 90° \sin \varphi)$$
$$= -U_{cb}I_a \sin \varphi$$

$$Q_3 = U_{ba}I_c \cos(90° + \varphi)$$
$$= U_{ba}I_c(\cos 90° \cos \varphi - \sin 90° \sin \varphi)$$
$$= -U_{ba}I_c \sin \varphi$$

当三相负载对称时，则

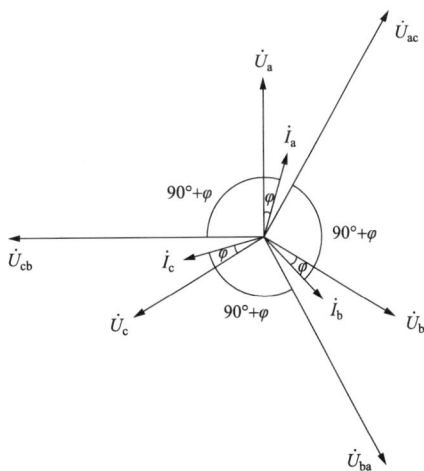

图 2-2-15　无功电能表逆相序相量图

$$Q = Q_1 + Q_2 + Q_3 = -\sqrt{3}UI\sin\varphi$$

同理，另两种逆相序 CBA、ACB 的计算结果与之相同。

从中可以看出，当无功电能表相序接反时，电能表反映的功率与正相序正确接线的功率相比，大小相等，符号相反，机械式电能表将在欠补偿时圆盘反转，过补偿时圆盘正转。

根据《功率因数调整电费办法》规定，凡装有无功补偿设备且有可能向电网倒送无功电量的用户，应随其负荷和电压变动及时投入或切除部分无功补偿设备，电业部门并应在计费计量点加装带有防倒装置的反向无功电度表，按倒送的无功电量与实用的无功电量两者的绝对值之和，计算月平均功率因数。因此，目前基本采用多功电能表代替机械式电能表，多功能电能表能够分别计量正反向有功、无功分相电能，四象限无功电能除能分别记录、显示外，还可通过软件编程，实现组合无功 1 和组合无功 2 的计算、记录、显示。一般情况下，组合无功的设置为：组合无功Ⅰ（正向无功）=无功Ⅰ+无功Ⅳ，组合无功Ⅱ（反向无功）=无功Ⅱ+无功Ⅲ。

因此，无功电能表为逆相序时，虽然功率表达式出现负值，但由于多功能电能表根据组合无功的设置，能够记录在组合无功Ⅰ（正向无功）中。但由于电能表都是在正相序条件下校验的，必然会产生计量误差，加上记录的无功Ⅰ至Ⅳ象限的值相反，且多功能电能表会根据设置产生报警等现象。因此，必须按正相序接线。

四、高压三相四线电能表错误接线的检查实训

高压三相四线电能计量装置主要运行在 110kV 及以上电力系统，采用高供高计计量方式、Yyn 接线，一般情况下都是高压互感器安装在变电设备区，电能表安装在控制室，互感器和电能表之间通过控制电缆连接。与其他计量方式一样，此装置在运行中可能出现电压缺相（失压）、电压极性反、电流缺相、电流极性反等接线故障。主要介绍出现这些故障的检查、判断和处理。

高压三相四线电能表联合接线如图 2-2-16。

（一）高压三相四线电能表简单故障分析

1. 逆相序

根据三相四线有功电能表的计量原理，正常情况应按正相序连接。当反相序连接时，有功电能表计量正确，但可能产生附加误差，属于不规范接线，但是无功电能表会反转（电子式多功能表则感性、容性电量记录位置交换）。

2. 电压异常

当测得三相电流正常、三相电压不正常时，可能是发生电压回路接触不良或断线，这在实际运行中属于常见故障。其主要原因是 TV 二次回路转接点较多，在标准设计中，监控装置随时对 TV 二次电压进行监控，当出现失压、电压缺相时，监控机会发出报警提示，进行故障检修，但计量专用绕组回路一般没有电压监控装置，当电压回路发生故障时，可能不会及时获得报警提示（多功能表界面异常信息除外），一般会从月度电量数据中暴露出故障信息，计量人员应及时安排现场检查。

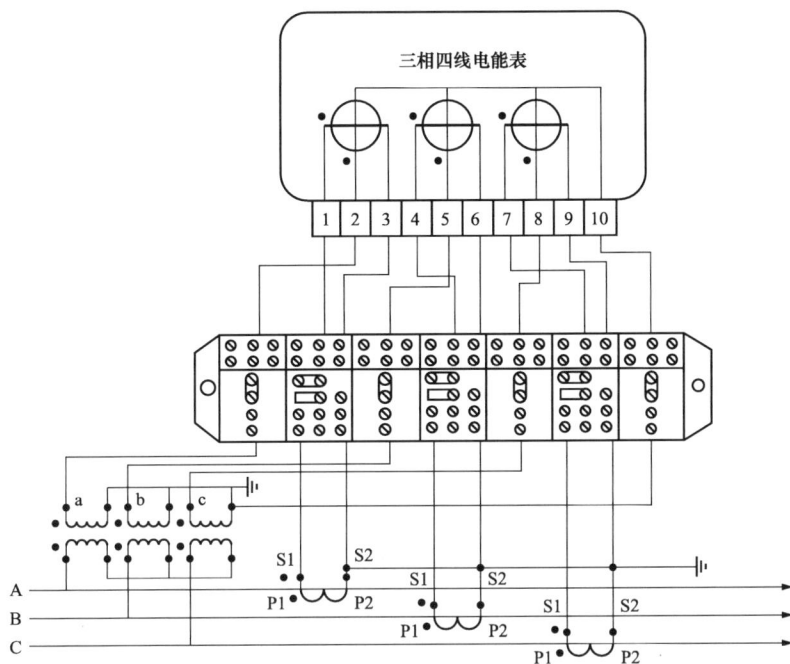

图 2-2-16　高压三相四线电能表联合接线图

3. 电流缺相

技术分析方法可参考"经 TA 接入的三相四线电能表错误接线实训"。实际接线中，电能计量装置电流会取自 TA 精度最高的专用绕组，而用于保护的绕组也是专用的，且相互独立。常见故障是电流试验端子或导线与端子接触不良。

4. 电流极性接反

类似故障与"经 TA 接入的三相四线电能表错误接线实训"介绍相同。检查故障主要的方法还是分析电能表元件相位关系。主要还是二次回路接线错误居多，一般在新投运后的带负荷检查即可发现并处理。

5. 电压、电流不对应

分析处理方法同上。

（二）高压三相四线电能表复杂故障分析

高压三相四线电能计量装置在运行中可能出现许多故障现象，上面仅讨论了电能表接线错误的问题，没有涉及电压互感器极性反接和电压互感器断线等接线故障，本部分主要介绍包含电压互感器极性反接和电压互感器断线等情况的检查、判断和处理。

1. TV 一次侧断线

（1）当 A 相一次侧断线时，见图 2-2-17。

由于 A 相一次侧断线，一次、二次侧都缺少了一相电压，二次 a 相绕组无感应电势，此时 a 点和 n 点等电位，即 U_a=0V，与 A 相有关的两个线电压 U_{ab} 和 U_{ac} 均降为 57.7V（相电压），U_{bc}=100V 不变。其相量图如图 2-2-18 所示。

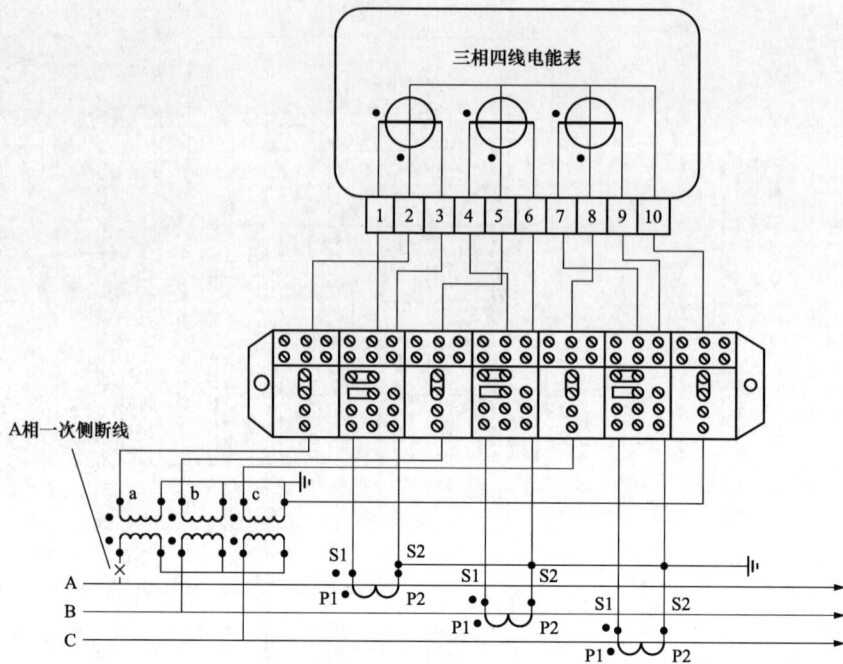

图 2-2-17　TV 一次侧 A 相断线图

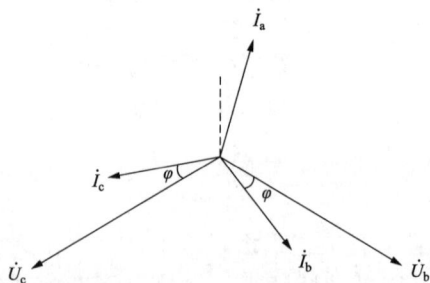

图 2-2-18　TV 一次侧 A 相断线相量图

功率表达式：

$$P' = P_1' + P_2' + P_3'$$
$$= U_a I_a \cos\varphi_a + U_b I_b \cos\varphi_b + U_c I_c \cos\varphi_c$$
$$= 0 \times I_a \cos\varphi_a + U_b I_b \cos\varphi_b + U_c I_c \cos\varphi_c$$

设三相负荷平衡，则

$$P' = 2UI\cos\varphi$$

更正系数

$$K = \frac{P}{P'} = \frac{3UI\cos\varphi}{2UI\cos\varphi} = 1.5$$

电能表有一相不计量，电能表只计 2/3。

（2）当 B 相一次断线时，U_{ac}=100V，U_{ab}=57.7V，U_{bc}=57.7V；当 C 相一次断线时，U_{ab}=100V，U_{ac}=57.7V，U_{bc}=57.7V，其分析与上述方法相同，更正系数均相同。

2. TV 二次侧断线

（1）当 A 相二次侧断线时，见图 2-2-19。

TV 二次侧 a 相断线，U_{an}=0V，U_{bn}=57.7V，U_{cn}=57.7V，由于 ab、ac 组构不成通路，故 U_{ab}=0V，U_{ca}=0V，而 bc 间为正常电压回路，故 U_{bc}=100V。功率表达式及更正系数计算与 TV 一次侧 A 相断线的分析数据相同。

（2）当 B 相二次断线时，U_{ca}=100V，U_{ab}=0V，U_{bc}=0V；当 C 相二次断线时，U_{ab}=100V，U_{bc}=0V，U_{ca}=0V。其分析与上述方法相同，更正系数均相同。

3. TV 二次侧极性接反

例：三相四线电能表电压正相序，A、B、C 且 A 相二次侧电压极性接反，电流正相序是 I_a、I_b、I_c 其接线方式和相量图如图 2-2-20 和图 2-2-21。

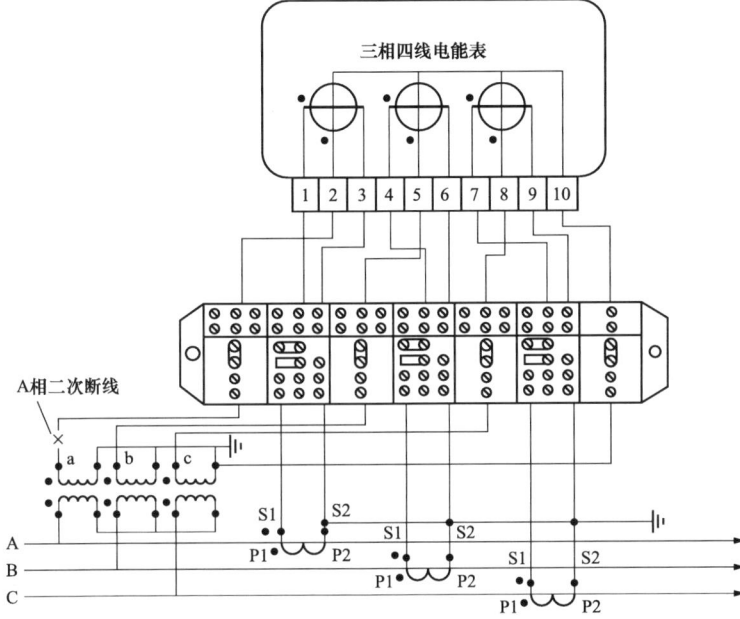

图 2-2-19 TV 二次侧 a 相断线图

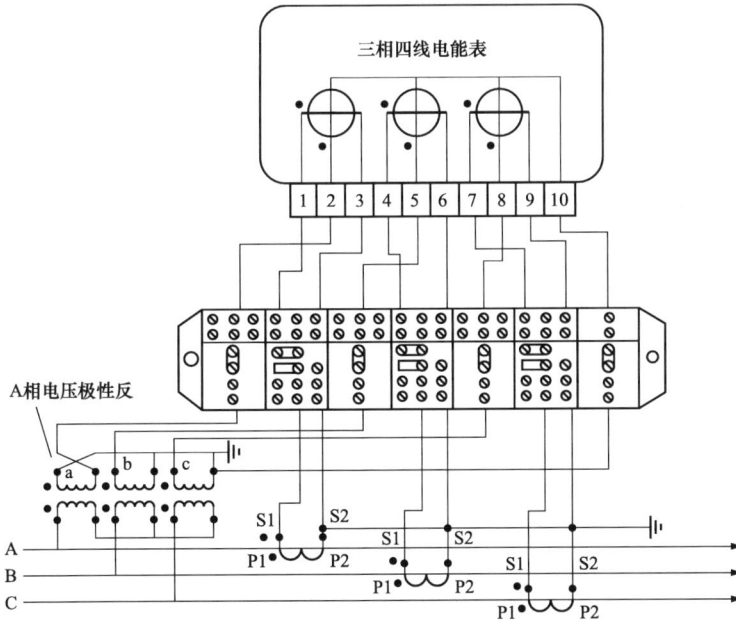

图 2-2-20 TV 二次侧 a 相极性接反时接线图

（1）电压分析。

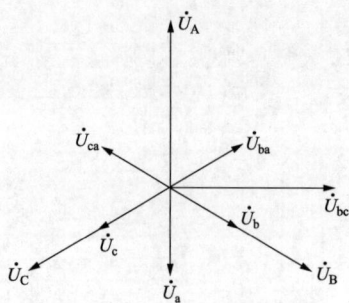

图 2-2-21 TV 二次侧 a 相极
性接反时电压相量图

根据相量图可知，Yy0 接线时，通过相量分析得到：

当 TV 二次侧 A 相极性接反时，$U_{bc}=100V$，$U_{ab}=U_{ac}=100/\sqrt{3}=57.7V$。

同理

当 TV 二次侧 B 相极性接反时，$U_{ca}=100V$，$U_{ab}=U_{bc}=100/\sqrt{3}=57.7V$。

当 TV 二次侧 C 相极性接反时，$U_{ab}=100V$，$U_{bc}=U_{ca}=100/\sqrt{3}=57.7V$。

（2）电压、电流综合相量分析。

当电压 A 相极性反接时，其相量图如图 2-2-22 所示。

功率表达式

$$P' = P_1' + P_2' + P_3'$$
$$= U_a I_a \cos(180 - \varphi_a) + U_b I_b \cos\varphi_b + U_c I_c \cos\varphi_c$$
$$= -U_a I_a \cos\varphi_a + U_b I_b \cos\varphi_b + U_c I_c \cos\varphi_c$$
$$= UI\cos\varphi$$

更正系数

$$K = \frac{P}{P'} = \frac{3UI\cos\varphi}{UI\cos\varphi} = 3$$

少计 2 倍电量。

（三）错误接线案例

案例摘要：三相四线制电压正相序且二次侧电压一相反接，电流正相序。

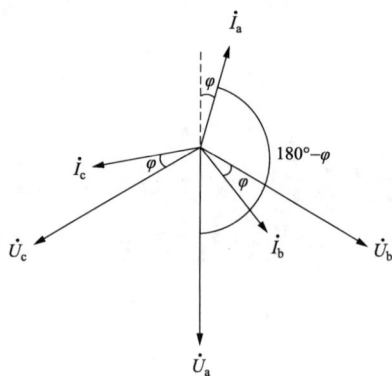

图 2-2-22 TV 二次侧 a 相极性
接反的相量图

示例 1 某用户采用三相四线制高压供电，负荷平均功率因数大于 0.8（感性负荷），表尾测试数据如下表格，试分析电能表接线是否正确？

$U_1=0V$	$I_1=2.5A$
$U_2=57.7V$	$I_2=2.5A$
$U_3=57.7V$	$I_3=2.5A$

U_{12}	U_{23}	U_{31}
57.7V	100V	57.7V

解：由于 $U_1=0V$，且与 U_1 相关的线电压变为 57.7V，因此可判定 U_1 相接的电压互感器一次侧断线。

示例 2 某用户采用三相四线制高压供电，负荷平均功率因数大于 0.8（感性负荷），表尾测试数据如下，试分析电能表接线是否正确？

$U_1 = 0V$	$I_1 = 2.5A$
$U_2 = 57.7V$	$I_2 = 2.5A$
$U_3 = 57.7V$	$I_3 = 2.5A$

U_{12}	U_{23}	U_{31}
0V	100V	0V

解：由于 $U_1 = 0V$，且与 U_1 相关的线电压变为 0V，因此可判定 U_1 相接的电压互感器二次侧断线。

示例 3 某用户采用三相四线制高压供电，负荷平均功率因数大于 0.8（感性负荷），表尾测试数据如下，试分析电能表接线是否正确？

$U_1 = 57.7V$	$I_1 = 2.5A$
$U_2 = 57.7V$	$I_2 = 2.5A$
$U_3 = 57.7V$	$I_3 = 2.5A$

U_{12}	U_{23}	U_{31}
57.7V	57.7V	100V

解：由于没有出现相电压为 0 的情况，因此可以断定没有断线发生，但与 U_2 对应的线电压变为 57.7V，可判定与第二个电压元件相连的电压互感器二次极性接反。

第三单元　三相三线电能表错误接线检查

教学目的：通过对本单元的学习后，能根据电能表面板指示，使用仪器测试电能表表尾电气参数，判断错误接线的类型。掌握三相三线电能表错误接线检查的现场操作程序、检查内容、分析方法以及故障处理方法。

教学重点：三相三线电能表错误接线分析方法。

教学难点：测量相关参数、写功率表达式、写更正系数。

教学内容：三相三线高压电能计量装置电压相序正逆、电流相序正逆，表尾进出线接反，TV 二次极性反接、断相，TA 二次极性反接、短路、断公共线等错误接线检查和处理；计算更正系数，补退电量。

一、力矩法

三相电压、电流相对稳定、平衡时，人为改变电能表原来的接线，观察脉冲灯闪烁的快慢，来判断接线是否正确。

（一）断开 b 相电压

先测定电能表脉冲灯闪烁 N 次所需的时间 T_0，然后在联合接线盒上断开 b 相电压端子上的连接片，如图 2-3-1 所示。再测定电能表有功脉冲灯闪烁 N 次所需的时间 T，只要 $T \approx 2T_0$，即此时脉冲灯闪烁的速度若为原来的一半，则说明原来的接线正确。

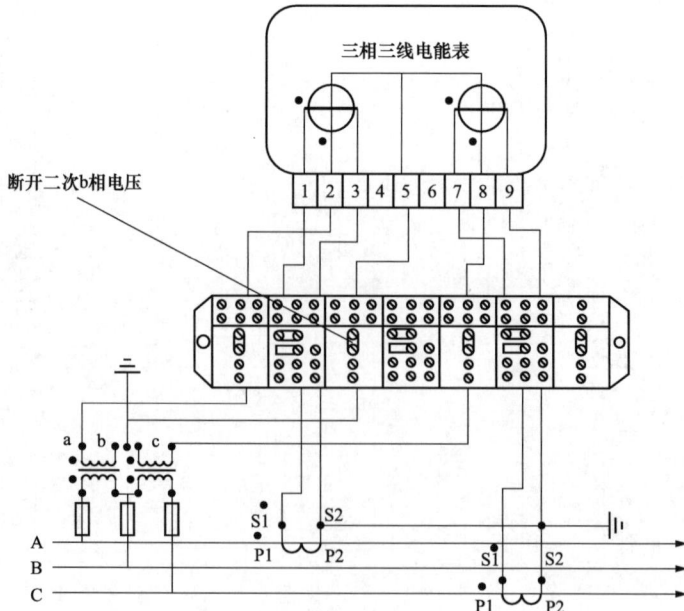

图 2-3-1　三相三线电能表断开 B 相电压接线图

（二）交叉 a、c 相电压

在联合接线盒上断开 a、b、c 相电压端子上的连接片，将联合接线盒出线侧的 a、c 相电压线进行交叉接线，如图 2-3-2 所示。再恢复断开的电压连接片，观察电能表，若电能表上的有功脉冲灯停止闪烁，则说明原来的接线正确。

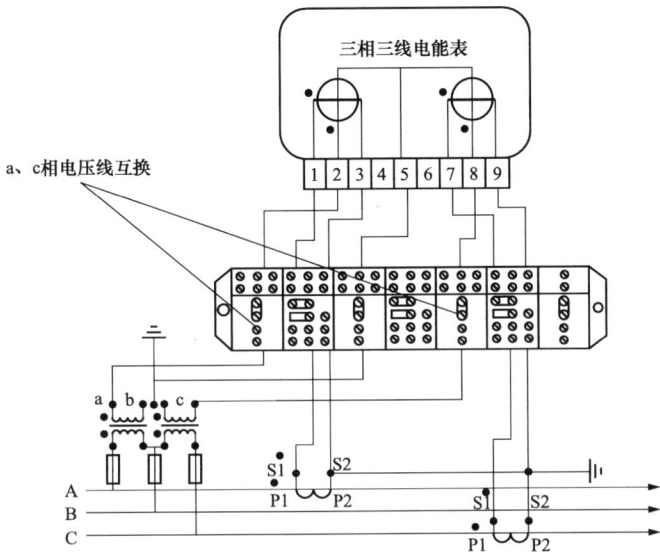

图 2-3-2　三相三线电能表 a、c 相电压互换图

二、在线监控法

可利用四合一计量自动化系统，远程获取客户用电电压、电流、相位角、负荷、电能示值等各种当前、历史数据，如图 2-3-3 所示。分析判断电能计量装置电压、电流是否缺失、接线是否有错误。

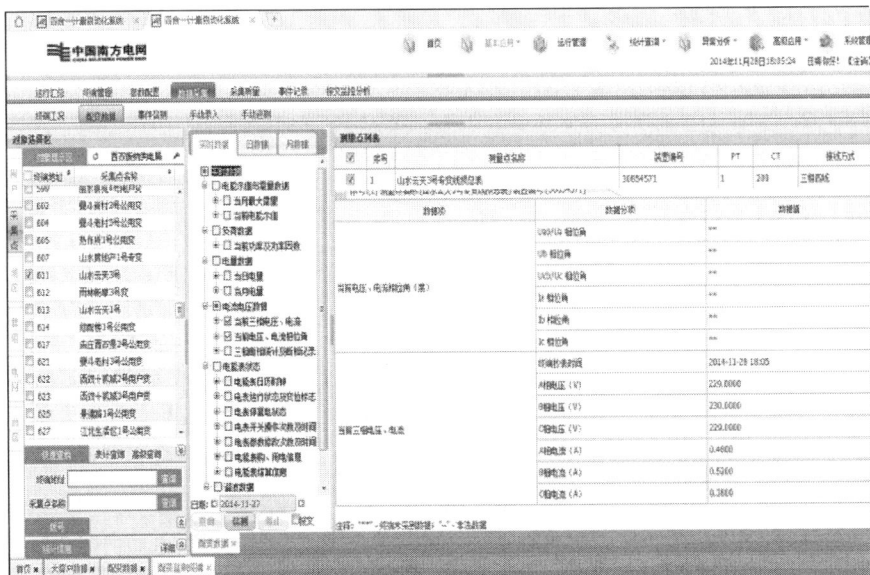

图 2-3-3　计量自动化系统调取数据图

三、相量图法（即常用的定接地相法）

对于"Vv"接线，在三相电压、电流相对稳定、平衡及负荷性质（感性或容性）确定时，通过测量电压、电流值及其相关的相位角，画出相量图进行分析，判断接到电能表中的实际电压与电流，以此列出功率表达式，计算更正系数并进行电量退补。

（一）测量步骤、方法（见表 2-3-1）

表 2-3-1 测量步骤、方法

步骤	内容	方法	备注
1	测量电压	将电能表上的三个电压端子从左到右分别编为 U_1、U_2、U_3 号，将接地端编为 0 号，再将相位伏安表的旋钮开关旋至相应的电压档，将黑色表笔（负极）接地，红色表笔（正极）依次搭接到电能表接线端子盒内的三个电压接线端子上，测量相对地电压 U_{10}、U_{20}、U_{30}，其中对地电压为 0V 的一相即可判定为 B 相电压。再测量线电压 U_{12}、U_{23}、U_{31}，判断电压回路是否有断线和极性反接的情况。若其中有值为 0V 或一个线电压为 100V，两个线电压分别在 40V～60V 间时，可能一次或二次有断线情况；若其中一个值为另外的 $\sqrt{3}$ 倍，说明有极性反接的情况	TV 二次空载与带负载时，受电能表设计、生产工艺、生产厂家等影响，二次电压值可能有差异，应根据实际情况进行分析
2	测量电流	测量电流（判定电流回路是否有断线和极性反接的情况）：将相位伏安表的旋钮开关旋至相应的电流档；将电流钳夹分别卡住电能表接线端子的电流进线 I_1、I_2、$I_{(1+2)}$，若其中有值为 0A 的，说明二次回路开路或短路；若 $I_{(1+2)}$ 的值为 I_1 或 I_2 电流值的 $\sqrt{3}$ 倍，说明有一相电流极性反接	$I_{(1+2)}$ 电流为电能表一元件、二元件电流之和，可用相位伏安表的钳夹同时卡住 I_1、I_2 得到
3	测量相序	将相序表的 B 相导线接到相电压为 0V 的电压端子，其他两相导线任一接到另外两相电压端子上。按下相序表上的按钮，根据相序表上的指示即可得出电能表上电压的实际相序（详见前述相序表的使用方法）	此方法应在电压回路无断线、电压互感器无极性反接的情况下应用
4	测量相位角	将相位伏安表的旋钮开关旋至"φ"档，将红色表笔（正极）搭接到电能表接线端子盒内的第 U_1 号电压接线端子上，黑色表笔（负极）搭接到第 U_2 号电压端子上，电流钳夹卡在电能表一元件电流进线上，可测量 $\dot{U}_{12}$ 与 $\dot{I}_1$ 之间的相位角；再将红色表笔（正极）搭接到电能表第 U_3 号电压接线端子上，黑色表笔（负极）搭接到第 U_2 号电压端子上，电流钳夹卡在电能表二元件电流进线上，可测量 $\dot{U}_{32}$ 与 $\dot{I}_2$ 之间的相位角	电流钳夹及电压表笔的极性一定要正确，相位伏安表使用方法详见模块一第二单元
5	绘制相量图	根据所测电流、电压、相序和相位角，绘制 $\dot{U}_{12}$ 与 $\dot{I}_1$、$\dot{U}_{32}$ 与 $\dot{I}_2$ 的相量图：①画出 $\dot{U}_a$、$\dot{U}_b$、$\dot{U}_c$ 相量作为参考，它们的长度相等，相位互差 120°；②根据已判断出的相序在参考相量上画出 $\dot{U}_{12}$、$\dot{U}_{32}$ 的相量；③根据 $\dot{U}_{12}$ 与 $\dot{I}_1$、$\dot{U}_{32}$ 与 $\dot{I}_2$ 的角度，以 $\dot{U}_{12}$、$\dot{U}_{32}$ 为参考相量分别画出 $\dot{I}_1$、$\dot{I}_2$ 的相量；④对照正确接线时的相量图，判断 $\dot{I}_1$、$\dot{I}_2$ 实际是哪一相的正向或反向电流	

续表

步骤	内　容	方　　法	备　　注
6	列出错误接线功率表达式	根据已判断出来的 $\dot{U}_{12}$、$\dot{I}_1$、；$\dot{U}_{32}$、$\dot{I}_2$ 及相量图列出错误功率表达式：先找到 $\dot{I}_1$、$\dot{I}_2$ 电流与其对应的相电压之间的夹角"φ"，再找"φ"角同 $\dot{U}_{12}$ 与 $\dot{I}_1$；$\dot{U}_{32}$ 与 $\dot{I}_2$ 夹角的关系，最终将 $\dot{U}_{12}$ 与 $\dot{I}_1$、$\dot{U}_{32}$ 与 $\dot{I}_2$ 夹角变化成一个特殊角加减"φ"角的形式	
7	计算更正系数	$$K=P/P'$$ P——正确接线功率表达式；P'——错误接线功率表达式，并根据三角函数公式进行化简	应熟记 30°、60°、90°、150°等特殊角的三角函数值
8	计算退补电量	$$\Delta W=(K-1)\times W'$$ ΔW——退补电量；W'——电能表错误接线时所计电量。无法通过计算更正系数的方法计算退补电量时，可根据《供电营业规则》第八十条、第八十一条的规定处理	
9	更正错误	根据不同的错误类型进行更正。对于相序不正确、电流互感器二次极性反接等情况一般可在联合接线盒上断开电压连接片或短接电流连接片，再在电能表接线端子进行更正；对于断线或电压互感器极性反接的情况，需要停电处理	

（二）典型错误接线分析

1. 电压相序为 cab，I_a 相电流反极性，其接线如图 2-3-4 所示

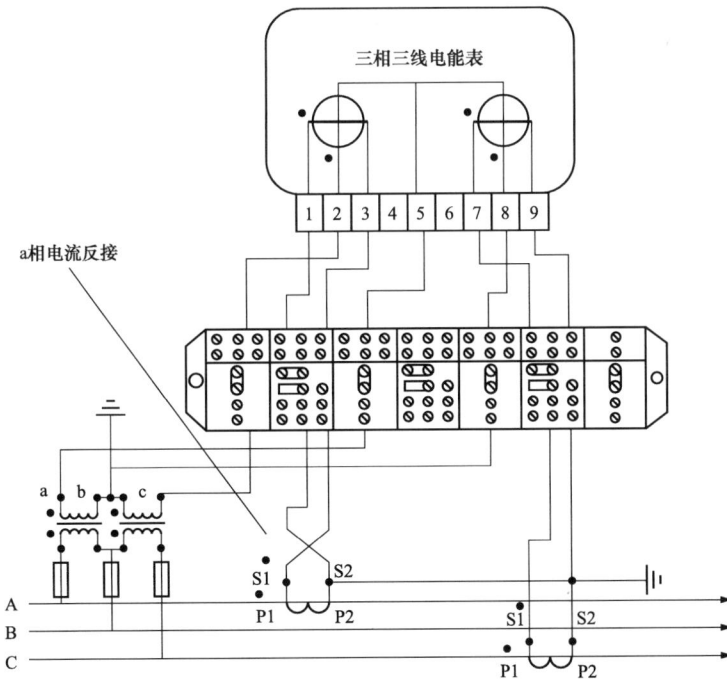

图 2-3-4　相序为 cab，I_a 相电流反极性接线图

（1）测量电压。

测量相对地电压：$U_{10}=99.8\text{V}$、$U_{20}=99.9\text{V}$、$U_{30}=0\text{V}$，U_{30}即为 B 相电压。

测量线电压$U_{12}=99.9\text{V}$、$U_{23}=99.6\text{V}$、$U_{31}=99.8\text{V}$，此时线电压数值相近，说明电压回路无极性反接情况，或是 A、C 两相电压极性都接反（暂不考虑此类错误）。

（2）测量电流。

测量电流$I_1=1.01\text{A}$、$I_2=1.02\text{A}$、$I_{(1+2)}=1.73\text{A}$，其中没有值为 0A 的，说明二次回路无开路或短路，但$I_{(1+2)}$的值为其他两个电流值的$\sqrt{3}$倍，说明有一相电流极性反接。

（3）测量相序。

按表 2-3-1 步骤 3 的方法，此时将相序表的 B 相表笔先搭接到电能表的第 3 号电压端子（U_b相）上，其他两相任一接到U_1和U_2端子上，此时按下相序表测量按钮绿灯亮起，再结合相序表测量线相色从左到右即可判定相序为 cab。若红灯亮，则需调换U_1和U_2相序表上的测量线，再按下相序表测量按钮绿灯亮起后，结合相序表测量线相色从左到右，也可判定相序为 cab。

另外，在无相序表时，可用相位伏安表来测量相序。用相位伏安表的两组电压表笔测量U_{12}与U_{32}的相位角（以U_{12}为参考相量），如果它们之间的相位角为 300°左右，说明是正相序，如果为 60°左右，说明是逆相序。

此时可判断U_{12}即为U_{ca}，U_{32}即为U_{ba}。

（4）测量相位角。

通过测量，得到$\dot{U}_{12}(\dot{U}_{ca})$与$\dot{I}_1$的相位角为 342°，$\dot{U}_{32}(\dot{U}_{ba})$与$\dot{I}_2$的相位角为 105°。

（5）绘制相量图，如图 2-3-5 所示。

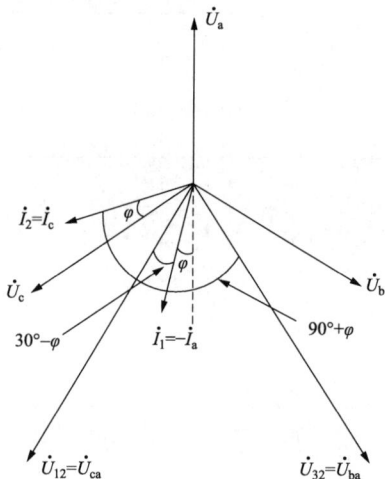

图 2-3-5 相序为 cab，a 相电流反极性相量图

将此错误接线时的相量图与正确时的相量图进行对比，可判断出$\dot{I}_1$电流为反向的（$-I_a$）相电流，$\dot{I}_2$电流为正向的I_c相电流。

（6）列出错误接线功率表达式。

$$P_1 = U_{ca}I_a\cos(30°-\varphi) = UI(\cos 30°\cos\varphi + \sin 30°\sin\varphi) = UI\left(\frac{\sqrt{3}}{2}\cos\varphi + \frac{1}{2}\sin\varphi\right)$$

$$P_2 = U_{ba}I_c\cos(90°+\varphi) = -UI\sin\varphi$$

（7）计算更正系数。

$$P' = P_1+P_2 = UI\left(\frac{\sqrt{3}}{2}\cos\varphi + \frac{1}{2}\sin\varphi - \sin\varphi\right) = \frac{1}{2}UI(\sqrt{3}\cos\varphi - \sin\varphi)$$

$$K = \frac{P}{P'} = \frac{\sqrt{3}UI\cos\varphi}{\frac{1}{2}UI(\sqrt{3}\cos\varphi - \sin\varphi)} = \frac{2\sqrt{3}UI\cos\varphi}{UI(\sqrt{3}\cos\varphi - \sin\varphi)}$$

$$= \frac{2\sqrt{3}\cos\varphi / \cos\varphi}{(\sqrt{3}\cos\varphi - \sin\varphi)/\cos\varphi} = \frac{2\sqrt{3}}{\sqrt{3}-\tan\varphi}$$

（8）计算退补电量。

$$\Delta W = (K-1)\times W' = \left(\frac{2\sqrt{3}}{\sqrt{3}-\tan\varphi}-1\right)\times W'$$

式中

ΔW ——退补电量；

W' ——电能表错误接线时所计电量。

注：在实际的错误接线退补中，φ 角根据客户平均功率因数来确定，再计算 $\tan\varphi$ 值即可计算退补电量。

（9）更正错误。

电流极性纠正：在带电情况下，先观察电能表上的 a 相电流数值大小（也可用万用表或相位伏安表测量），然后在联合接线盒上通过电流连接片将 a 相电流回路短接，观察电能表上的电流值接近 0A，此时可将接到电能表表尾接线端子盒内的 a 相电流回路进出线进行对调，随后再断开联合接线盒内的电流短接连接片即可。

电压相序纠正：在观察电能表上的 c、a、b 相电压数值大小后，在联合接线盒上断开 c、a、b 相电压回路连接片，观察电能表上的电压值为 0V，此时可将接到电能表表尾接线端子盒 c、a、b 相电压回路按 a、b、c 顺序恢复正常接线，随后短接联合接线盒内的电压连接片即可。

2. 电压互感器 B 相一次电压断线

工作中常会遇到电压互感器的一次保险熔断、二次回路空气开关跳闸或导线连接不紧等情况，造成失压。下面只考虑电压互感器接线部分，以其 B 相一次电压断线为例进行分析，如图 2-3-6 所示。

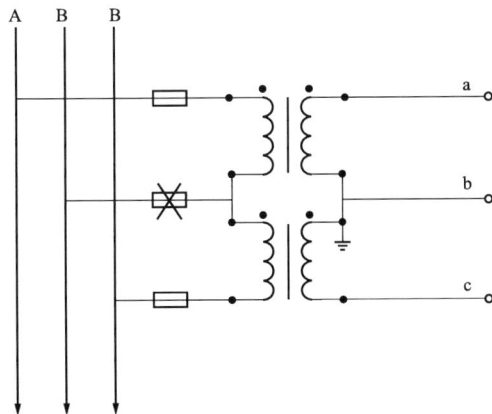

图 2-3-6　B 相电压断线图

（1）测量电压。

相对地电压：U_{10}=50.5V、U_{20}=0V、U_{30}=50.3V，U_{20} 即为 b 相电压；线电压 U_{12}=50.1V、

U_{23}=50.2V、U_{31}=99.9V，此时相当于两个电压互感器一次绕组串联，共同承受 U_{CA} 电压。

（2）测量电流。

测量电流 I_1=1.01A、I_2=1.02A、$I_{(1+2)}$=1.02A。

（3）测量相序。

因在某相失压的情况下，相序表无法测量相序；因此需先行恢复失压相，后方可按表 2-3-1 步骤 3 的方法测量相序。即可判断此例相序为 abc。

（4）测量相位角。

$\dot{U}_{12}$ 与 $\dot{I}_1$ 的夹角即（$1/2\dot{U}_{ac}$）与 $\dot{I}_1$ 的夹角为 350°；$\dot{U}_{32}$ 与 $\dot{I}_2$ 的夹角即（$1/2\dot{U}_{ca}$）与 $\dot{I}_2$ 的夹角为 43°。

（5）绘制相量图，如图 2-3-7 所示。

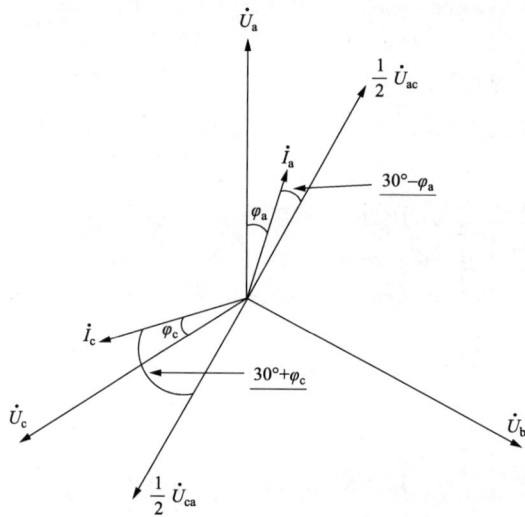

图 2-3-7　B 相电压断线相量图

将此错误接线时的相量图与正确时的相量图进行对比，可判断出 $\dot{I}_1$ 电流为正向的 I_a 相电流，$\dot{I}_2$ 电流为正向的 I_c 相电流。

（6）列出错误接线功率表达式。

$$P_1 = \frac{1}{2}U_{ac}I_a\cos(30°-\varphi) = \frac{1}{2}UI(\cos 30°\cos\varphi + \sin 30°\sin\varphi) = \frac{1}{4}UI(\sqrt{3}\cos\varphi + \sin\varphi)$$

$$P_2 = \frac{1}{2}U_{ca}I_c\cos(30°+\varphi) = \frac{1}{2}UI(\cos 30°\cos\varphi - \sin 30°\sin\varphi) = \frac{1}{4}UI(\sqrt{3}\cos\varphi - \sin\varphi)$$

（7）计算更正系数。

$$P' = P_1 + P_2 = \frac{1}{4}UI(\sqrt{3}\cos\varphi + \sin\varphi + \sqrt{3}\cos\varphi - \sin\varphi) = \frac{\sqrt{3}}{2}UI\cos\varphi$$

$$K = \frac{P}{P'} = \frac{\sqrt{3}UI\cos\varphi}{\frac{\sqrt{3}}{2}UI\cos\varphi} = \frac{2UI\cos\varphi}{UI\cos\varphi} = 2$$

（8）计算退补电量。

$$\Delta W = (K-1) \times W' = (2-1) \times W' = W'$$

式中

　　ΔW——退补电量；

　　W'——电能表错误接线时所计电量。

（9）更正错误。

更换故障的电压互感器保险。

3. 电压互感器 a 相二次电压反极性

对电压互感器极性反接的分析判断是非常复杂的工作，工作遇到此类情况时，上面的方法不能完全适用，下面以已判定 a 相电压反极性为例进行逆向分析，如图 2-3-8 所示。

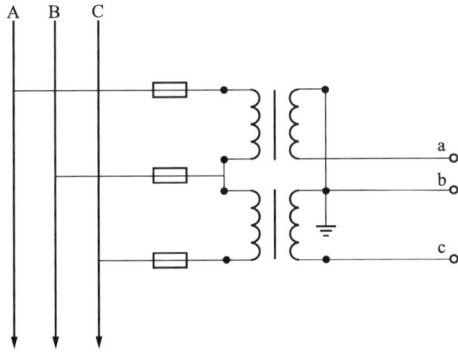

图 2-3-8　a 相电压反极性接线图

（1）测量电压。

相对地电压：U_{10}=100.5V、U_{20}=0V、U_{30}=100.3V，U_{20} 即为 b 相电压；线电压 U_{12}=100.1V、U_{23}=100.2V、U_{31}=173.9V，此时说明有一相电压极性反接。

（2）测量电流。

测量电流 I_1=1.01A、I_2=1.02A、$I_{(1+2)}$=1.02A。

（3）测量相序。

按表 2-3-1 步骤 3 的方法，相序表测量电压为逆相序，只要有一相电压极性反接，相序就会改变，所以实际电压接线应为正相序，再加上 U_{20} 为 b 相电压，判定相序为 abc。

（4）测量相位角。

$\dot{U}_{12}(\dot{U}_{ba})$ 与 $\dot{I}_1$ 的相位角为 224°，$\dot{U}_{32}(\dot{U}_{cb})$ 与 $\dot{I}_2$ 的相位角为 343°。

（5）绘制相量图，如图 2-3-9 所示。

将此错误接线时的相量图与正确时的相量图进行对比，可判断出 $\dot{I}_1$ 电流为正向的 a 相电流，$\dot{I}_2$ 电流为正向的 c 相电流。

（6）列出错误接线功率表达式。

$$P_1 = U_{ba}I_a\cos(150°-\varphi) = UI(\cos150°\cos\varphi + \sin150°\sin\varphi) = \frac{1}{2}UI(-\sqrt{3}\cos\varphi + \sin\varphi)$$

59

$$P_2 = U_{cb}I_c\cos(30° - \varphi) = UI(\cos 30°\cos\varphi + \sin 30°\sin\varphi) = \frac{1}{2}UI(\sqrt{3}\cos\varphi + \sin\varphi)$$

$$P' = P_1 + P_2 = \frac{1}{2}UI(-\sqrt{3}\cos\varphi + \sin\varphi + \sqrt{3}\cos\varphi + \sin\varphi) = UI\sin\varphi$$

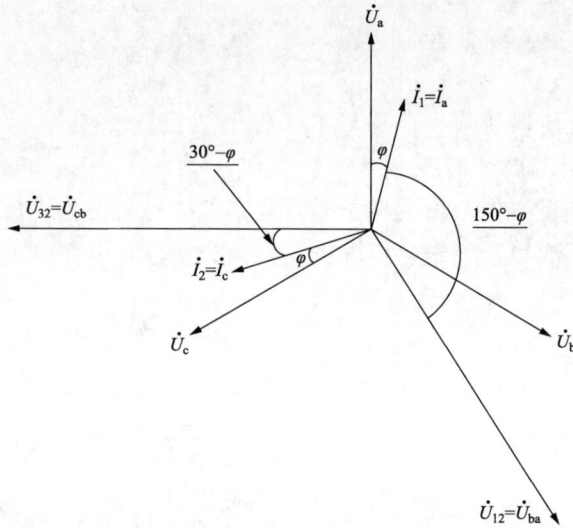

图 2-3-9　a 相电压反极性相量图

（7）计算更正系数。

$$K = \frac{P}{P'} = \frac{\sqrt{3}UI\cos\varphi}{UI\sin\varphi} = \frac{\sqrt{3}\cos\varphi}{\sin\varphi} = \sqrt{3}\cot\varphi$$

（8）计算退补电量。

$$\Delta W = (K-1)\times W' = (\sqrt{3}\cot\varphi - 1)\times W'$$

式中

ΔW ——退补电量；

W' ——电能表错误接线时所计电量。

（9）更正错误。

此种错误接线现实中很罕见，一般能在前期验收调试时发现，主要有以下特点：一是当某一项电压反极性时，必然有一个线电压为 173V；二是用相序表测量出的相序会与实际相反，如测量显示为逆相序，实际却为正相序，所以在工作中遇到此类错误时，一般是停电进行接线核对，更正后再次测试相关数据进行分析判断。

三相三线电能表在不考虑电压互感器极性反的情况下，常规错误接线共有 48 种，错误接线相量图、功率表达式、更正系数等详见附表 3。

第四单元 电能计量装置错误接线分析的其他方法

教学目的：本单元介绍了其他几种方法，可供学有余力的学员学习。掌握定接地相法、假定法等方法进行电能表错误接线检查，现场操作程序、检查内容、分析方法以及故障处理方法。

教学重点：四种方法的掌握和应用。

教学难点：定接地相法，定 b 相电压法，假定法，定相电压法。

教学内容：三相三线高压电能计量装置电压相序正逆、电流相序正逆，表尾进出线接反，TV 二次极性反接、断相，TA 二次极性反接、短路、断公共线等错误接线检查和处理；计算更正系数，补退电量。

一、四种分析法的特点及适用范围（见表 2-4-1）

表 2-4-1　　　　　　　　　四种分析方法的使用范围和特点

方法	适用范围	测量电压	特点
定接地相法	电压互感器采用Vv0接线，未出现一相接线反接，二次侧 b 相必须接地	测量范围 U_{12}、U_{23}、U_{31}、U_{1n}、U_{2n}、U_{3n}；根据 Vv0 接线电压互感器二次侧 b 相必须接地的特点，U_{1n}、U_{2n}、U_{3n} 中为 0 者，判断为接地相 b 相	仅适用于 Vv0 接线电压互感器，且二次侧 b 相接地电压互感器，采用其他接线方式或电压互感器二次侧 b 相未接地不适用
定 b 相电压法	电压互感器采用 Vv0、Yy0、YNyn0 接线，电压互感器接线，未出现一相接线反接，不受二次侧 b 相是否接地的影响	测量范围 U_{12}、U_{23}、U_{31}	适用广，适用于任何高压三相三线电能计量方式（6、10、20 及 35kV 等电压等级
假定法	电压互感器采用Vv0，一相极性反接，仅一组线电压为 173V，其他两组线电压大致在 100V 左右	测量范围 U_{12}、U_{23}、U_{31}	仅适用于 Vv0 接线电压互感器，不适用 Yy0、YNyn0 接线电压互感器
定相电压法	电压互感器采用Vv0，一相极性反接，仅一组线电压为173V，其他两组线电压大致在 100V 左右	测量范围 U_{12}、U_{23}、U_{31}	仅适用于 Vv0 接线电压互感器，不适用 Yy0、YNyn0 接线电压互感器

二、定 b 相电压法

（一）分析判断方法简介

定 b 相电压法适用于电压互感器采用 Vv0、Yy0、YNyn0 等接线方式，三相线电压在 100V 左右，不受电压互感器二次侧 b 相接地影响。即只要是采用三相三线接线计量，电压互感器采用 Vv0、Yy0、YNyn0 接线方式，三组线电压在 100V 左右，均可采用此方法进行分析判断，故定 b 相电压法适用范围比较广泛。

如果电压互感器出现一相极性接反时不能采用此方法，对于 Vv0 接线电压互感器可采用假定法或定相电压分析法。下面结合图 2-4-1 介绍定 b 相电压法的测量及分析判断步骤。

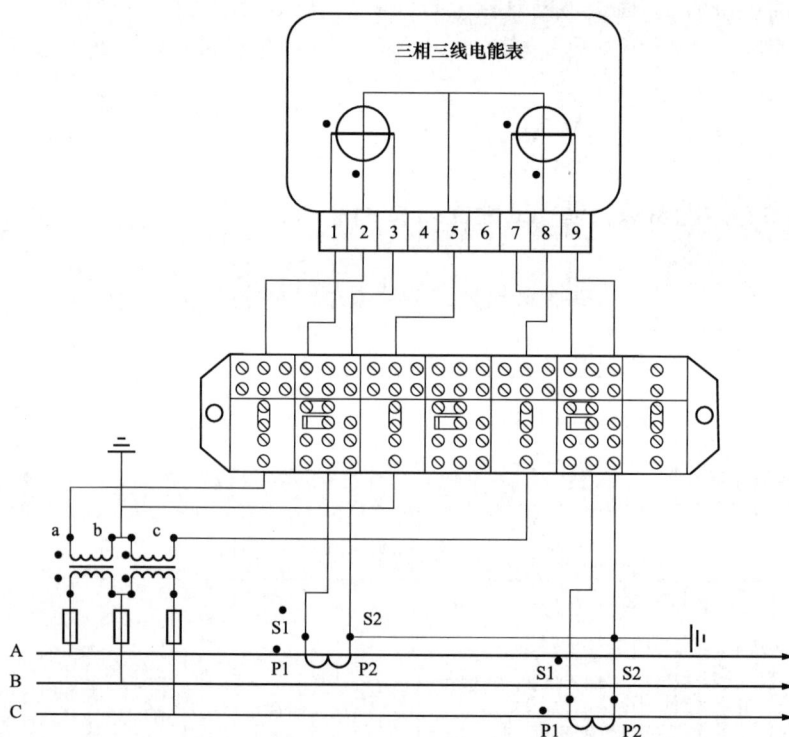

图 2-4-1　三相三线电能计量装置接线图

（二）测量及分析判断步骤

第一步　测量电压

测量 U_{12}、U_{32}、U_{31} 三相线电压，三组线电压大约是 100 左右，若线电压中有 173V 或 57.7V，则不能采用定 b 相电压法。

第二步　测量电流

测量 I_1、I_2 的大小。

第三步　测量相位

测量 U_{12} 超前 U_{32} 的角度，U_{12} 超前 I_1 的角度、U_{32} 超前 I_2 的角度。

第四步 判断相序

根据 U_{12} 超前 U_{32} 的角度判断相序，U_{12} 超前 U_{32}=300°时为正相序，U_{12} 超前 U_{32}=60° 时为逆相序。

第五步 绘制错误接线相量图

正相序时，以 U_1 为参考量按照 $U_1 \rightarrow U_2 \rightarrow U_3$ 顺时针方向绘制三相相电压相量图，如图 2-4-2 所示。

确定 U_{12}、U_{32} 的位置，U_{12} 超前 U_1 的角度为 30°，U_{32} 滞后 U_3 的角度为 30°，再根据 U_{12} 超前 I_1 的角度、U_{32} 超前 I_2 的角度确定 I_1 和 I_2 的位置，得出错误接线相量图。

同理，逆相序时，以 U_1 为参考量按照 $U_1 \rightarrow U_2 \rightarrow U_3$ 逆时针方向绘制三相相电压相量图，如图 2-4-3 所示。

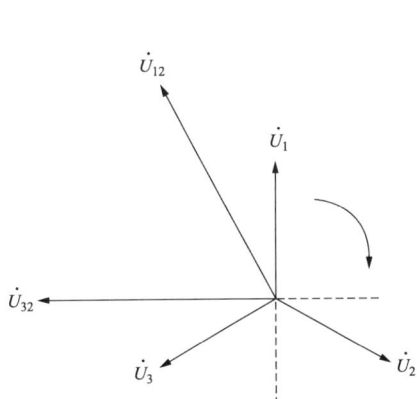

图 2-4-2 正相序相量图 图 2-4-3 逆相序相量图

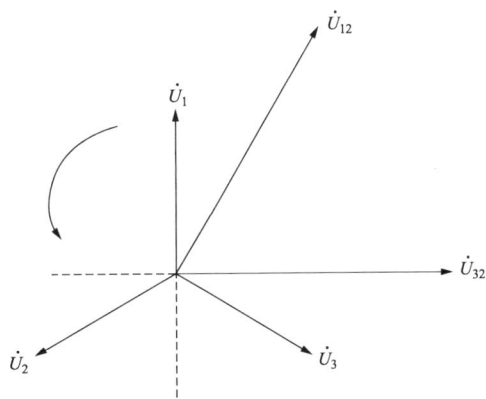

确定 U_{12}、U_{32} 的位置，U_{12} 超前 U_1 的角度为 30°，U_{32} 滞后 U_3 的角度为 30°，再根据 U_{12} 超前 I_1 的角度、U_{32} 超前 I_2 的角度确定 I_1 和 I_2 的位置，得出错误接线相量图。

要注意的是：正相序 $U_1 \rightarrow U_2 \rightarrow U_3$ 为顺时针方向，逆相序 $U_1 \rightarrow U_2 \rightarrow U_3$ 为逆时针方向。

第六步 判断同相电压和同相电流

绘制错误接线相量图后，根据电压超前或滞后同相电流功率因数角原则，确定同相电压、电流。先找出 I_1 对应的同相电压，即 I_1 滞后或超前同相电压对应的功率因数角，也可能将 I_1 反相为 $-I_1$ 后才能找出对应的同相电压，即 $-I_1$ 滞后或超前同相电压对应的功率因数角，此时则说明电流互感器极性接反；同理，找出 I_2 对应的同相电压，即 I_2 滞后或超前同相电压对应的功率因数角，也可能将 I_2 反相为 $-I_2$ 找出对应的同相电压，即 $-I_2$ 滞后或超前同相电压对应的功率因数角，此时则说明电流互感器极性接反。

第七步 判断电压、电流的相别和极性

因三相三线接线方式电压接入 U_a、U_b、U_c，电流接入 I_a、I_c，无 b 相电流接入，故 U_1、U_2、U_3 中仅有两相电压存在对应的同相电流 I_a 或 I_c 始终有一相无对应的同相电流，无对应的同相电流的那一相电压则为 b 相电压。

确定 b 相电压后，按照电压正相序原则判断其余两相电压的相别，确定接入 U_{12}、U_{32} 的线电压；判断相电压的相别和线电压后根据两相电压对应的同相电流判断电流 I_1 和 I_2 的相别和极性。

第八步　计算更正系数和退补电量

在错误接线相量图上确定第一组元件的夹角 φ_1 关系式，φ_1 是 U_{12} 超前于 I_1 的角度，也可以说是 U_{12} 滞后于 I_1 的角度，一般情况下应选择小角度；确定第二组元件的夹角 φ_2 关系式，φ_2 是 U_{32} 超前于 I_2 的角度，也可以说是 U_{32} 滞后于 I_2 的角度，一般情况下应选择小角度；再求出错误接线功率 P：

$$P = U_{12}I_1\cos\varphi_1 + U_{32}I_2\cos\varphi_2$$

再根据正确接线功率 P' 求出更正系数

$$K = \frac{P}{P'} = \frac{\sqrt{3}UI\cos\varphi}{U_{12}I_1\cos\varphi_1 + U_{32}I_2\cos\varphi_2}$$

化简求出更正系数后根据以下公式计算退补电量 W：

$$W = W'(K-1)$$

式中 W' 为抄见电量。

第九步　更正接线

根据错误接线结论，按照正确接线方式对电能计量装置更正接线。

（三）例题分析

例1　某 10kV 用户采用三相三线计量，在电能表表尾处测量数据分别为：

$U_{12} = 102.2\text{V}$，$U_{13} = 102.2\text{V}$，$U_{32} = 101.6\text{V}$，$I_1 = 1.09\text{A}$，$I_2 = 1.2\text{A}$，$\dot{U}_{12}\overset{\wedge}{}\dot{U}_{32} = 300.2°$，$\dot{U}_{12}\overset{\wedge}{}\dot{I}_1 = 229.5°$，$\dot{U}_{32}\overset{\wedge}{}\dot{I}_2 = 350.6°$，负载功率因素角为感性 0～30°，试分析判断错误接线并计算更正系数。

第一步　判断电压相序

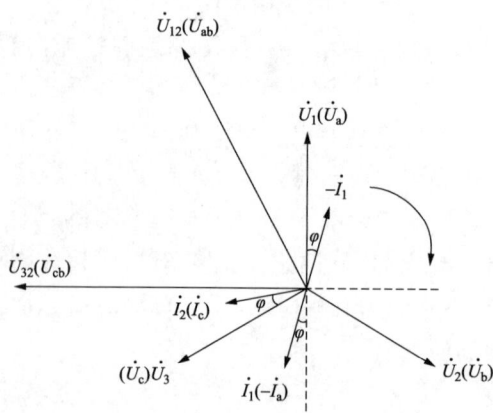

图 2-4-4　错误接线相量图

由于 $\dot{U}_{12}\overset{\wedge}{}\dot{U}_{32} = 300.2°$，判断接入电能表的电压为正相序。

第二步　绘制错误接线相量图

按照正相序 $\dot{U}_1 \rightarrow \dot{U}_2 \rightarrow \dot{U}_3$ 绘制相量图，确定 $\dot{U}_{12}$、$\dot{U}_{32}$ 的位置，确定 $\dot{I}_1$、$\dot{I}_2$ 的位置，得出错误接线相量图，如图 2-4-4 所示。

第三步　判断电压、电流的相别和极性

$\dot{I}_1$ 反相后 $-\dot{I}_1$ 滞后 $\dot{U}_1$ 的角度约 20°，$\dot{U}_1$ 和 $-\dot{I}_1$ 为同一相的电压电流；$\dot{I}_2$ 滞后 $\dot{U}_3$ 的角度约 20°，$\dot{U}_3$ 和 $\dot{I}_2$ 为同一相的电压电流，$\dot{U}_2$ 没有对应的相同电流，因此判断 $\dot{U}_2$ 为 b 相电压，依次判断 $\dot{U}_3$ 为 c 相电压，$\dot{U}_1$ 为 a 相电压，则 $\dot{U}_{12}$ 为 $\dot{U}_{ab}$、$\dot{U}_{32}$ 为 $\dot{U}_{cb}$。判断 $\dot{I}_1$ 为 $-\dot{I}_a$、$\dot{I}_2$ 为 $\dot{I}_c$，错误接线结论如表 2-4-2 所示。

表 2-4-2　　　　　　　　　　　错 误 接 线 结 论 表

参　　　数	第一元件	第二元件
接入电压	$\dot{U}_{ab}$	$\dot{U}_{cb}$
接入电流	$-\dot{I}_a$	$\dot{I}_c$

第四步　计算更正系统数

错误功率表达式：

$$P' = U_{ab}I_a \cos(150° - \varphi_a) + U_{cb}I_c \cos(30° - \varphi_c)；$$

从测量数据可知，三相负载基本对称，因此，更正系数：

$$K = \frac{P}{P'} = \frac{\sqrt{3}UI\cos\varphi}{UI\cos(150° + \varphi) + UI\cos(30° - \varphi)} = \sqrt{3}\cot\varphi$$

三、定接地相法

（一）定接地相法简介

定接地相法适用于电压互感器采用 Vv0 接线方式，电压互感器二次侧 b 相必须接地，三组线电压在 100V 左右，无一组线电压为 173V，即电压互感器未出现一相极性反接，如图 2-4-5 所示。电压互感器采用其他接线方式或电压互感器二次侧 b 相未接地不适应本方法，故此方法局限性较大。

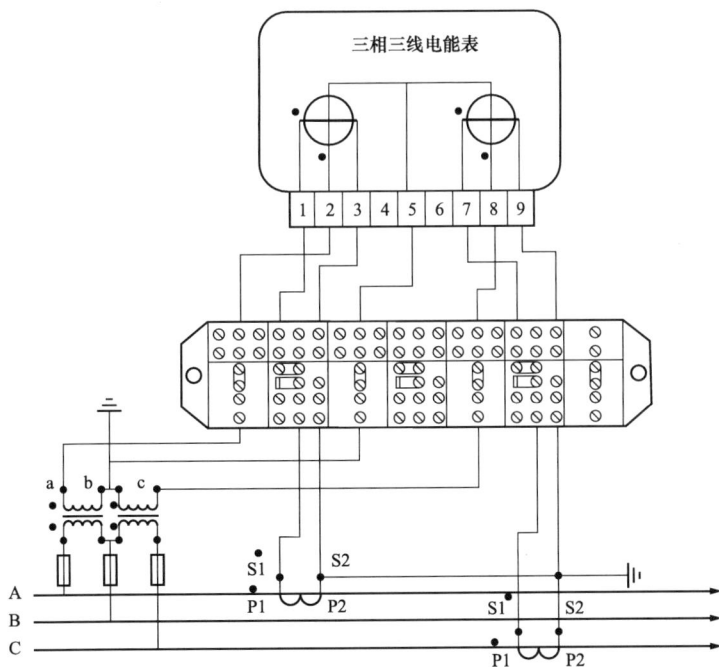

图 2-4-5　三相三线电能计量装置接线图

（二）测量及分析判断步骤

第一步　测量电压

65

测量 U_{12}、U_{23}、U_{31} 三相线电压,三相对地电压 U_{1n}、U_{2n}、U_{3n},其中 0V 者为 b 相电压。

第二步　测量电流

测量 I_1、I_2 的大小。

第三步　测量相位

测量 U_{12} 超前 U_{32} 的角度,U_{12} 超前 I_1 的角度、U_{32} 超前 I_2 的角度。根据 U_{12} 超前 U_{32} 的角度判断相序,$\dot{U}_{12}\overset{\wedge}{}\dot{U}_{32}=300°$ 时为正相序,$\dot{U}_{12}\overset{\wedge}{}\dot{U}_{32}=60°$ 时为逆相序。

第四步　判断电压相别

根据相序和接地相判断接入电能表的电压相别确定 U_{12}、U_{32} 对应的线电压,如 $\dot{U}_{12}\overset{\wedge}{}\dot{U}_{32}=300°$、$U_{1n}=0V$,电压相别则为 b(端子 1)、c(端子 2)、a(端子 3),U_{12} 对应的线电压为 U_{bc},U_{32} 对应的线电压为 U_{ac}。

第五步　绘制错误接线相量图

按照正相序 $U_a \rightarrow U_b \rightarrow U_c$ 绘制三相相电压相量图,再根据 U_{12}、U_{32} 对应的线电压在相量图上确定 U_{12}、U_{32} 的位置,再根据 U_{12} 超前 I_1 的角度、U_{32} 超前 I_2 的角度确定 I_1 和 I_2 的位置,得出错误接线相量图。

要注意的是:正相序 $U_1 \rightarrow U_2 \rightarrow U_3$ 为顺时针方向,逆相序 $U_1 \rightarrow U_2 \rightarrow U_3$ 为逆时针方向。

第六步　判断电流的相别和极性

绘制出错误接线相量图后,根据功率因数角分析判断,确定 I_1 和 I_2 的相别和极性。

第七步　计算更正系数和退补电量

在错误接线相量图上确定第一组元件的夹角 φ_1 关系式,φ_1 是 U_{12} 超前于 I_1 的角度,也可以是 U_{12} 滞后于 I_1 的角度,一般情况下应选择小角度;确定第二组元件的夹角 φ_2 关系式,φ_2 是 U_{32} 超前于 I_2 的角度,也可以说是 U_{32} 滞后于 I_2 的角度,一般情况下应选择小角度,求出错误接线功率:

$$P = U_{12}I_1\cos\varphi_1 U_{32}I_2\cos\varphi_2$$

再根据正确功率 P' 求出更正系数

$$K = \frac{P}{P'} = \frac{\sqrt{3}UI\cos\varphi}{U_{12}I_1\cos\varphi_1 + U_{32}I_2\cos\varphi_2}$$

化简求出更正系数后根据公式以下计算退补电量 W:

$$W = W'(K-1)$$

第八步　更正接线

根据错误接线结论,按照正确接线方式对电能计量装置更正接线。

(三)例题分析

例 1　10kV 专用配电变压器用电客户,在 10kV 侧三相三线计量,表尾处测量数据如下,$U_{12}=102.2V$,$U_{13}=102.2V$,$U_{32}=101.8V$,$U_{2n}=0V$,$I_1=1.09A$,$I_2=1.10A$,$\dot{U}_{12}\overset{\wedge}{}\dot{U}_{32}=300.9°$,$\dot{U}_{12}\overset{\wedge}{}\dot{I}_1=70°$,$\dot{U}_{32}\overset{\wedge}{}\dot{I}_2=253°$,负载功率因素角为感性 0~30°,试分析判断错误接线并计算更正系数。

解：

第一步 判断电压相序

由于 $\dot{U}_{12}{}^{\wedge}\dot{U}_{32}=300.9°$，判断接入电能表的电压为正相序；$U_{2n}=0\text{V}$，相别则为 a、b、c，$\dot{U}_{12}$ 对应的线电压为 $\dot{U}_{ab}$，$\dot{U}_{32}$ 对应的线电压为 $\dot{U}_{cb}$。

第二步 绘制错误接线相量图

按照正相序 $\dot{U}_a \rightarrow \dot{U}_b \rightarrow \dot{U}_c$ 绘制相量图，确定 $\dot{U}_{12}$、$\dot{U}_{32}$ 的位置，标注对应的线电压 $\dot{U}_{ab}$、$\dot{U}_{cb}$，确定 $\dot{I}_1$、$\dot{I}_2$ 的位置，得出错误接线相量图，如图 2-4-6 所示。

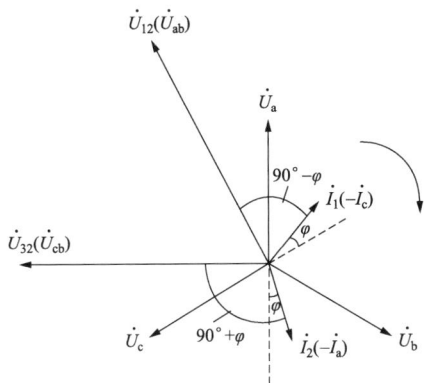

图 2-4-6 错误接线相量图

第三步 判断电流的相别和极性

$-\dot{I}_1$ 超前 $\dot{U}_c$ 的角度约 20°，$\dot{U}_c$ 和 $-\dot{I}_1$ 为同一相的电压电流，判断 $\dot{I}_1$ 为 $-\dot{I}_c$；$-\dot{I}_2$ 超前 $\dot{U}_a$ 的角度约 20°，$\dot{U}_a$ 和 $-\dot{I}_2$ 为同一相的电压电流，判断 $\dot{I}_2$ 为 $-\dot{I}_a$；结论见表 2-4-3。

表 2-4-3 错 误 接 线 结 论 表

参　　数	第一元件	第二元件
接入电压	$\dot{U}_{ab}$	$\dot{U}_{cb}$
接入电流	$-\dot{I}_c$	$-\dot{I}_a$

第四步 计算更正系数

错误功率表达式

$$P' = U_{ab}I_c(90°-\varphi_a) + U_{cb}I_a(90°+\varphi_c)$$

按照三相对称计算更正系数

$$= \frac{\sqrt{3}U_1 I\cos\varphi}{U_1 I(90°-\varphi) + U_1 I(90°+\varphi)} = \infty$$

注：错误接线状态下有功功率为 0，三相负载对称状态下不计量，三相负载不对称是计量少许电量。

第五步 错误接线图

现场错误接线如图 2-4-7 所示。

四、假定法

（一）概述

三相三线电能计量装置 Vv 接线电压互感器的一相极性反接，两组线电压在 100V 左右，一组线电压在 173V 左右，此种情况下，即可采用假定法进行分析判断，也可采用定相电压法进行分析判断。由于 Vv0 接线电压互感器在 10kV 供电系统运用极为广泛，尤其是 10kV 专用变压器供电客户，数量巨大，大多在侧采用三相三线接线计量，因此假定法应用领域广。

电压互感器采用 Yy0、YNyn0 接线方式时，一组极性反接，三组线电压不会出现 173V，因此电压采用 Yy0、YNyn0 接线方式时，不适用假定法和定向电压法。

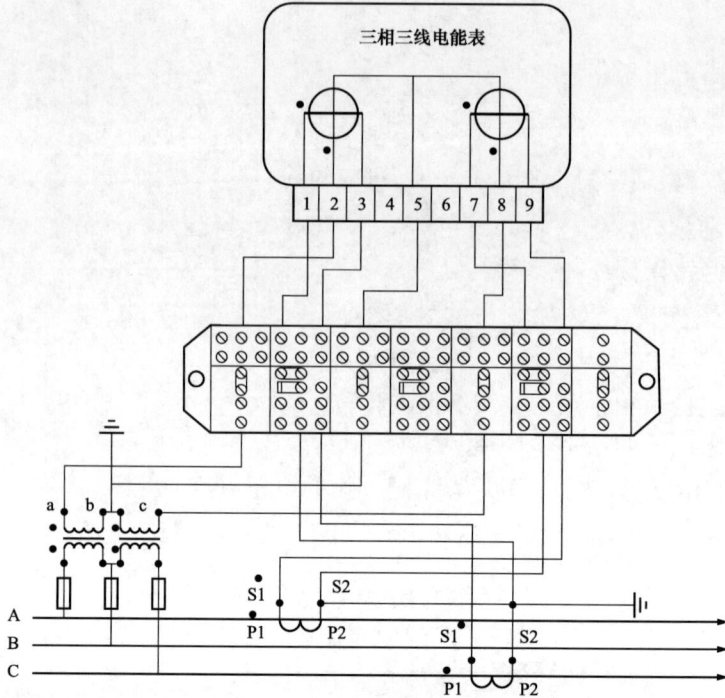

图 2-4-7　错误接线图

（二）极性反接的电压特性

参见图 2-4-8 的 Vv0 接线电压互感器接线方式，来分析出现一相极性反接时，电压幅值和相位的变化特点。

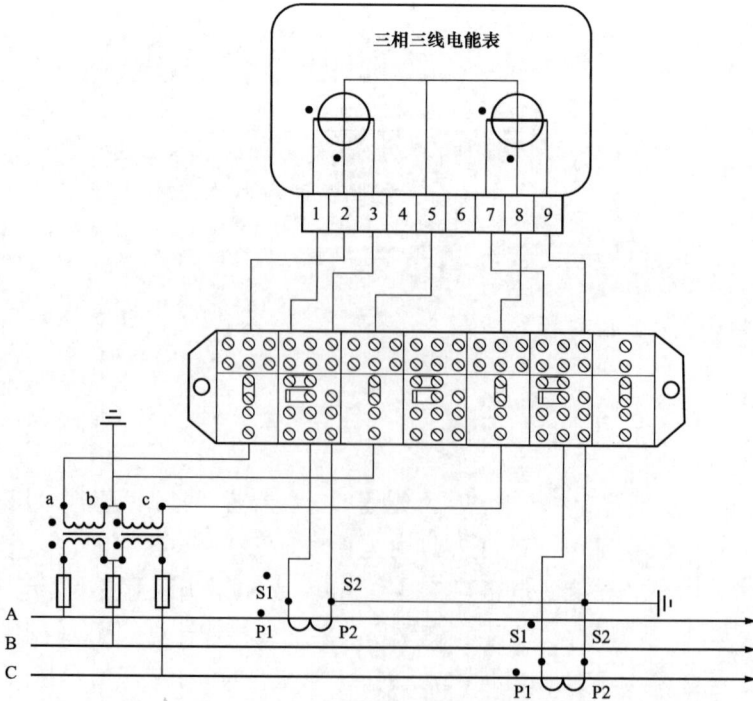

图 2-4-8　Vv0 接线电压互感器接线图

（三）正确接线

Vv0 接线电压互感器是指两只单相电压互感器，一次绕组、二次绕组按图 2-4-9 电压互感器部分的方式连接。第一元件一次绕组为 A_1X_1，二次绕组为 a_1x_1，A_1a_1 为同名端；第二元件一次绕组为 A_2X_2，二次绕组为 x_2a_2，A_2a_2 为同名端。

（四）极性反接的电压特性

1. 第一元件二次侧 a 相极性反接

（1）接线图。

第一元件二次侧 a 相极性反接，如图 2-4-9 所示，按"A_1X_1-A_2X_2/x_1a_1-a_2x_2"方式连接，二次 a 相极性反接，会导致一组线电压出现 173V，影响计量准确性。

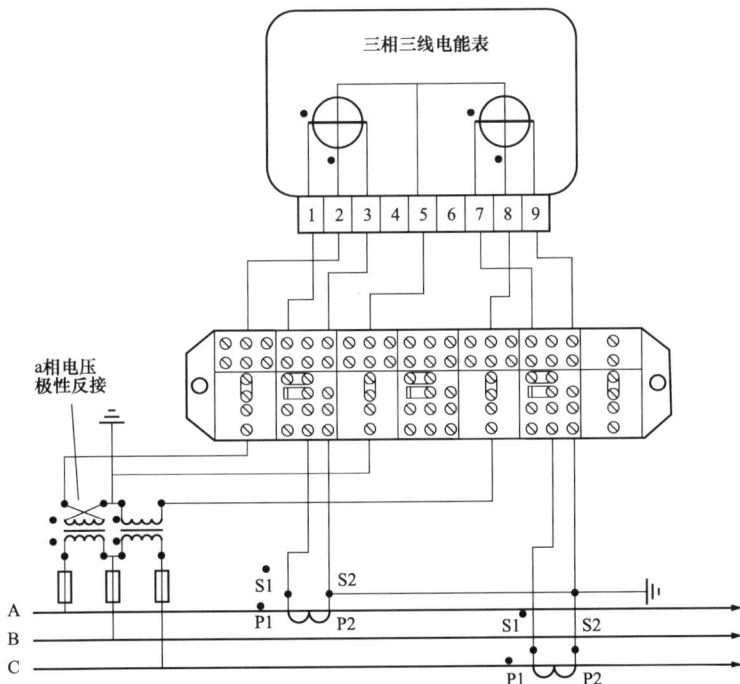

图 2-4-9　a 相电压二次接性反接图

（2）电压特性。

结合相量图 2-4-10，阐述 a 相极性反接的电压特性。由于第一元件二次侧 a 相极性反接，感应到电能表电压 $\dot{U}_{12}$ 方向偏转了 180°，不是虚线 $\dot{U}_{21}$ 方向，而滞后于 $\dot{U}_a$ 的角度为 150°，也即 $\dot{U}_{ba}$。第二元件二次极性未反接，感应到电能表电压 $\dot{U}_{32}$ 方向未偏转 180°，超前于 $\dot{U}_a$ 的角度为 90°，即 $\dot{U}_{cb}$。

对于三组线电压有 $\dot{U}_{12}+\dot{U}_{23}+\dot{U}_{31}=0$，线电压 $\dot{U}_{12}$、$\dot{U}_{23}$ 的幅值为 100V，$\dot{U}_{23} \overset{\wedge}{\ } \dot{U}_{12}=60°$，因此 $\dot{U}_{13}$ 幅值升高 $\sqrt{3}$ 倍，即 173V，这就是电压 $\dot{U}_{13}$ 升高 $\sqrt{3}$ 倍的原因，$\dot{U}_{13}$ 之后于 $\dot{U}_{23}$ 的角度为 30°。

2. 第一元件二次侧 c 相极性反接

（1）接线图。

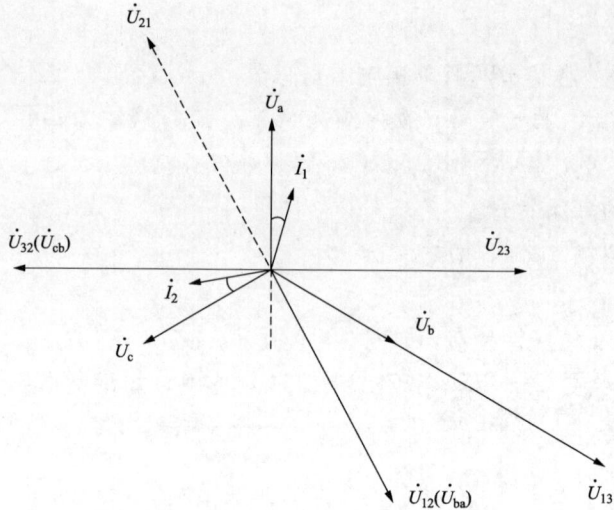

图 2-4-10　a 相电压二次极性反接相量图

第一元件二次侧 c 相极性反接，如图 2-4-11 所示，按"A₁X₁-A₂X₂/a₁x₁-x₂a₂"方式连接，二次 c 相极性反接，会导致一组线电压出现 173V，影响计量准确性。在这种错误接线中，电压互感器二次段子和电能表电压端钮的接线出现了不对应，电压互感器二次端子 b、c 与电能表电压端钮混接。

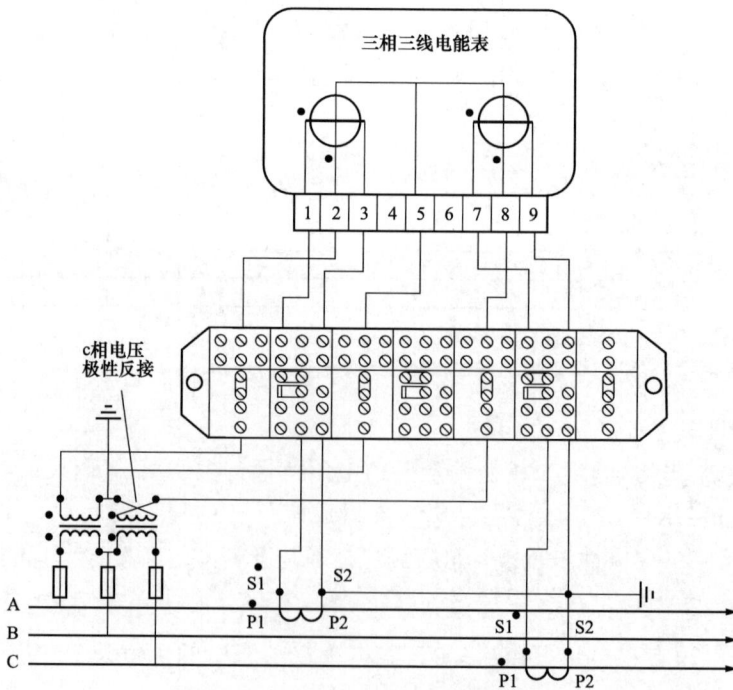

图 2-4-11　c 相电压二次极性反接图

（2）电压特性。

结合相量图 2-4-12，阐述 c 相极性反接的电压特性。第一元件二次侧 a 相极性正确，

感应到电能表电压 $\dot{U}_{13}$ 方向未偏转180°，超前 $\dot{U}_a$ 的角度为30°，即 $\dot{U}_{ab}$。由于第二元件二次侧 c 相极性反接，感应到电能表电压 $\dot{U}_{32}$ 方向偏转了180°，不是虚线 $\dot{U}_{21}$ 方向，而滞后于 $\dot{U}_a$ 的角度为150°，也即 $\dot{U}_{bc}$，而为图中 $\dot{U}_{32}$，即可 $\dot{U}_{cb}$。

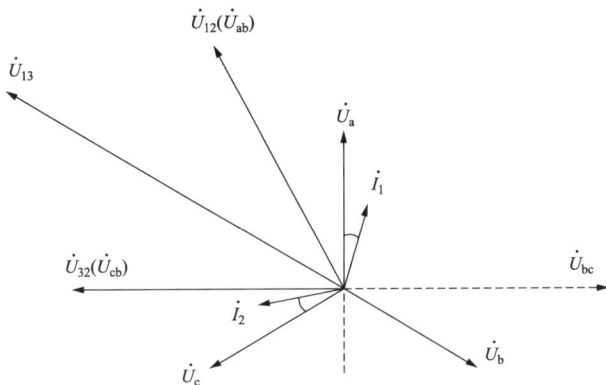

图 2-4-12 c 相电压二次极性反接图

对于三组线电压有 $\dot{U}_{12}+\dot{U}_{23}+\dot{U}_{31}=0$，线电压 $\dot{U}_{12}$、$\dot{U}_{23}$ 的幅值为100V，$\dot{U}_{23}\stackrel{\wedge}{\dot{U}}_{12}=60°$，因此 $\dot{U}_{13}$ 幅值升高 $\sqrt{3}$ 倍，即 173V，这就是电压 $\dot{U}_{13}$ 升高 $\sqrt{3}$ 倍的原因，$\dot{U}_{13}$ 之后于 $\dot{U}_{23}$ 的角度为30°。

对于电压互感器其他一次绕组、二次绕组极性反接，以及二次端子和电能表电压端钮接线错误，可根据上述方法予以分析，在此不再赘述。

（3）假定分析法步骤。

①测量电压。测量 U_{12}、U_{32}、U_{31} 三组线电压，两组线电压为100V，一组线电压为173V。

②测量电流。测量 I_1 和 I_2 的大小。

③测量相位。测量 $\dot{U}_{12}$ 超前 $\dot{U}_{32}$ 的角度，$\dot{U}_{12}$ 超前 $\dot{I}_1$ 的角度，$\dot{U}_{32}$ 超前的 $\dot{I}_2$ 角度。

④判断电压的相序和相别。根据 $\dot{U}_{12}$ 超前 $\dot{U}_{32}$ 的角度判断相序，若 $\dot{U}_{12}\stackrel{\wedge}{\dot{U}}_{32}=30°$ 或 $\dot{U}_{12}\stackrel{\wedge}{\dot{U}}_{32}=120°$，则为正相序，若 $\dot{U}_{12}\stackrel{\wedge}{\dot{U}}_{32}=330°$ 或 $\dot{U}_{12}\stackrel{\wedge}{\dot{U}}_{32}=240°$，则为逆相序。然后定 b 相，未出现173V的另外一相未非升高相，既为 b 相，再结合相序判断电压相别。

比如 $\dot{U}_{12}\stackrel{\wedge}{\dot{U}}_{32}=30°$ 为正相序，升高 $U_{12}=173$V，则未出现173V的另外一相 $\dot{U}_3$ 为 b 相，电压相别则为 $\dot{U}_1$（$\dot{U}_c$）$\dot{U}_2$（$\dot{U}_a$）$\dot{U}_3$（$\dot{U}_b$）。

⑤绘制错误接线相量图，假定电压极性反接绕组。按照 $\dot{U}_a \rightarrow \dot{U}_b \rightarrow \dot{U}_c$ 绘制三相相电压相量图，对于 Vv 接线电压互感器的一组绕组极性反接，依据以下原则予以假定：原则是选择线电压为100V那一组，采用两种假定法，两种假定法对于两种错误接线的结论，两种结论错误接线类型不一致，但是功率表达式和更正系数一致，现场实际的接线总是两种错误接线结论的一种，因此可先按两种假定法分析判断。

第一类数据（U_{12} 为100V、U_{32} 为173V、U_{31} 为100V）

第一种假定。假定 $\dot{U}_{12}$ 对应绕组极性反接，在相量图上确定 $\dot{U}_{12}$ 的位置，再根据 $\dot{U}_{12}$ 和 $\dot{U}_{32}$ 的相位关系，确定 $\dot{U}_{32}$ 的位置；然后根据 $\dot{U}_{12}$ 超前 $\dot{I}_1$ 的角度确定 $\dot{I}_1$ 的位置，$\dot{U}_{32}$ 超前 $\dot{I}_2$ 的位

置，得出错误接线相量图，最后在 $\dot{U}_{12}$、$\dot{U}_{32}$ 后标注对应的电压相别。

第二种假定。假定 $\dot{U}_{12}$ 对应绕组极性不反接，则另一组电压互感器二次绕组极性反接。在相量图上确定 $\dot{U}_{12}$ 的位置，再根据 $\dot{U}_{12}$ 和 $\dot{U}_{32}$ 的相位关系，确定 $\dot{U}_{32}$ 的位置；然后根据 $\dot{U}_{12}$ 超前 $\dot{I}_1$ 的角度确定 $\dot{I}_1$ 的位置，$\dot{U}_{32}$ 超前 $\dot{I}_2$ 的角度确定 $\dot{I}_2$ 的位置，得出错误接线相量图，最后在 $\dot{U}_{12}$、$\dot{U}_{32}$ 后标注对应的电压相别。

第二类数据（U_{32} 为 100V、U_{12} 为 100V、U_{13} 为 100V）

第一种假定。假定 $\dot{U}_{32}$ 对应绕组极性反接，在相量图上确定 $\dot{U}_{32}$ 的位置，再根据 $\dot{U}_{12}$ 和 $\dot{U}_{32}$ 的相位关系，确定 $\dot{U}_{12}$ 的位置；然后根据 $\dot{U}_{12}$ 超前 $\dot{I}_1$ 的角度确定 $\dot{I}_1$ 的位置，$\dot{U}_{32}$ 超前 $\dot{I}_2$ 的位置，得出错误接线相量图，最后在 $\dot{U}_{12}$、$\dot{U}_{32}$ 后标注对应的电压相别。

第二种假定。假定 $\dot{U}_{32}$ 对应绕组极性不反接，则另一组电压互感器二次绕组极性反接，在相量图上确定 $\dot{U}_{32}$ 的位置，再根据 $\dot{U}_{12}$ 和 $\dot{U}_{32}$ 的相位关系，确定 $\dot{U}_{12}$ 的位置；然后根据 $\dot{U}_{12}$ 超前 $\dot{I}_1$ 的角度确定 $\dot{I}_1$ 的位置，$\dot{U}_{32}$ 超前 $\dot{I}_2$ 的角度确定 $\dot{I}_2$ 位置，得出错误接线相量图，最后在 $\dot{U}_{12}$、$\dot{U}_{32}$ 后标注对应的电压相别。

第三类数据（U_{12} 为 100V、U_{32} 为 100V、U_{13} 为 173V）

第一种假定。假定 $\dot{U}_{12}$ 对应绕组极性反接，在相量图上确定 $\dot{U}_{12}$ 的位置，再根据 $\dot{U}_{12}$ 和 $\dot{U}_{32}$ 的相位关系，确定 $\dot{U}_{32}$ 的位置；然后根据 $\dot{U}_{12}$ 超前 $\dot{I}_1$ 的角度确定 $\dot{I}_1$ 的位置，$\dot{U}_{32}$ 超前 $\dot{I}_2$ 的位置，得出错误接线相量图，最后在 $\dot{U}_{12}$、$\dot{U}_{32}$ 后标注对应的电压相别。

第二种假定。假定 $\dot{U}_{32}$ 对应绕组极性反接，在相量图上确定 $\dot{U}_{32}$ 的位置，再根据 $\dot{U}_{12}$ 和 $\dot{U}_{32}$ 的相位关系，确定 $\dot{U}_{12}$ 的位置；然后根据 $\dot{U}_{12}$ 超前 $\dot{I}_1$ 的角度确定 $\dot{I}_1$ 的位置，$\dot{U}_{32}$ 超前 $\dot{I}_2$ 的角度确定 $\dot{I}_2$ 位置，得出错误接线相量图，最后在 $\dot{U}_{12}$、$\dot{U}_{32}$ 后标注对应的电压相别。

（4）判断电流的相别和极性。

根据两种假定中的一种，结合同相电压超前或滞后同相电流对应的功率因数角原则，确定同相的电压、电流。

首先找出 $\dot{I}_1$ 对应的同相电压，即 $\dot{I}_1$ 滞后或超前同相电压对应的功率因数角，也可能将 $\dot{I}_1$ 反相为 $-\dot{I}_1$ 后找出对应的同相电压（电流互感器极性反接），再判断 $\dot{I}_1$ 的相别和极性，标注在 $\dot{I}_1$ 之后；同理，找出 $\dot{I}_2$ 对应的同相电压，即 $\dot{I}_2$ 滞后或超前同相电压对应的功率因数角，也可能将 $\dot{I}_2$ 反相为 $-\dot{I}_2$ 后找出对应的同相电压（电流互感器极性反接），最后判断出 $\dot{I}_2$ 的相别和极性，标注在 $\dot{I}_2$ 之后。

两种假定总有两种对应的错误接线结论。

（5）计算更正系数和退补电量。

采用两种假定法，最终有两种错误接线结论，两种结论错误接线类型不一致，但是功率表达式和更正系数一致。

在错误接线向量图上，确定第一组元件的夹角 φ_1 关系式，也可以是 $\dot{U}_{12}$ 滞后于 $\dot{I}_1$ 的角度，一般情况下，应选择小角度；确定第二组元件的夹 φ_2 关系式，φ_2 是 $\dot{U}_{32}$ 超前于 $\dot{I}_2$ 的角度，也可以是 $\dot{U}_{32}$ 滞后于 $\dot{I}_2$ 的角度，一般情况下应选择小角度；然后求出错误接线功率

$$P = U_{12}I_1\cos\varphi_1 + U_{32}I_2\cos\varphi_2$$

更正系数

$$K = \frac{P'}{P} = \frac{\sqrt{3}UI\cos\varphi}{U_{12}I_1\cos\varphi_1 + U_{32}I_2\cos\varphi_2}$$

（6）按照三相对称条件，化简求出更正系数之后，更正接线。

分析出两种错误接线结论，现场实际接线总是两种错误接线的一种，两种错误接线结论不一致，但错误接线功率表达式一致、更正系数一致，理论上根据两种错误接线结论更正均可正确计量。为规范和强化电能计量装置管理，应核查接入电能表的实际电压和二次电流，根据现场实际的错误接线，按照正确接线方式予以更正。

化简求出更正系数后，根据下面公式计算出退补电量ΔW。

$$\Delta W = W'(K-1)$$

（7）例题分析。

例：10kV专用配电变压器用电客户，在10kV侧三相三线计量，表尾处测量数据为：U_{12}=99.5V，U_{13}=174V，U_{32}=102.6V，I_1=1.09A，I_2=1.12A，$\dot{U}_{12}\overset{\wedge}{}\dot{U}_{32}$=121°，$\dot{U}_{12}\overset{\wedge}{}\dot{I}_1$=232°，$\dot{U}_{32}\overset{\wedge}{}\dot{I}_2$=172°，负载功率因素角为感性0～30°，试分析判断错误接线并计算更正系数。

解：

第一种假定

①判断电压相序和相别。由于$\dot{U}_{12}\overset{\wedge}{}\dot{U}_{32}$=121°，判断接入电能表的电压为正相序。升高相$U_{13}$=174V，未出现174V的另外一相为b相，电压相别则为电压相别则为$\dot{U}_1$（$\dot{U}_a$）$\dot{U}_2$（$\dot{U}_b$）$\dot{U}_3$（$\dot{U}_c$）。

②绘制错误接线相量图，确定电压极性反接绕组。

按照正相序$\dot{U}_a \rightarrow \dot{U}_b \rightarrow \dot{U}_c$绘制相量图，假定$\dot{U}_{12}$对应绕组极性反接，在反接后$\dot{U}_{12}$为$\dot{U}_{ba}$，在相量图上确定$\dot{U}_{12}$的位置，标注对应的线电压$\dot{U}_{ba}$；确定$\dot{U}_{32}$的位置，标注对应的线电压$\dot{U}_{cb}$；确定$\dot{I}_1$、$\dot{I}_2$的位置，得出错误接线相量图如图2-4-13所示。

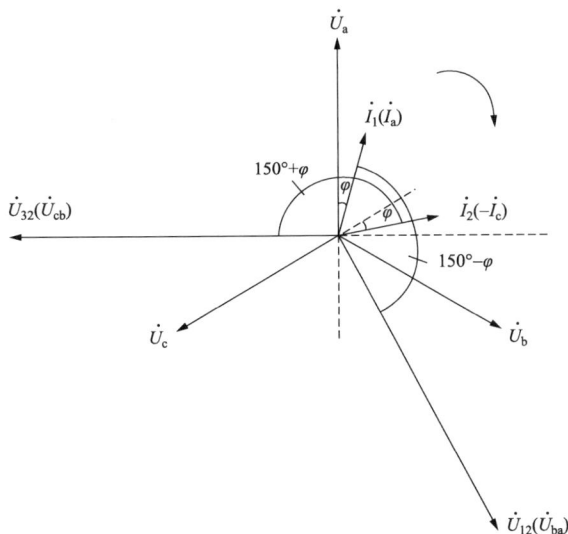

图2-4-13　错误接线相量图

③判断电流的相别和极性。

$\dot{I}_1$ 滞后 $\dot{U}_a$ 的角度约 20°，$\dot{U}_a$ 和 $\dot{I}_1$ 为同一相的电压电流，判断 $\dot{I}_1$ 为 $\dot{I}_a$；$\dot{I}_2$ 反相后，$-\dot{I}_2$ 滞后 $\dot{U}_c$ 的角度约 20°，$\dot{U}_c$ 和 $-\dot{I}_2$ 属于同一相的电压电流，判断 $\dot{I}_2$ 为 $-\dot{I}_c$。电压互感器二次绕组 ab 绕组极性反接，结论见表 2-4-4。

表 2-4-4　　　　　　　　　错 误 接 线 结 论 表

极性反接二次绕组	ab 绕组		
接入电压	$\dot{U}_1(\dot{U}_a)$	$\dot{U}_2(\dot{U}_b)$	$\dot{U}_3(\dot{U}_c)$
	$\dot{U}_{12}(\dot{U}_{ba})$	$\dot{U}_{32}(\dot{U}_{cb})$	
接入电流	$\dot{I}_1(\dot{I}_a)$	$\dot{I}_2(-\dot{I}_c)$	

④计算更正系数。

错误功率表达式为：

$$P' = U_{ba}I_a(150° - \varphi_a) + U_{cb}I_c(150° - \varphi_c)$$

按照三相对称计算更正系数

$$K_g = \frac{P}{P'}$$

$$= \frac{\sqrt{3}U_1 I \cos\varphi}{U_1 I(150° - \varphi_a) + U_1 I(150° - \varphi_c)} = -1 。$$

⑤错误接线图如图 2-4-14 所示。

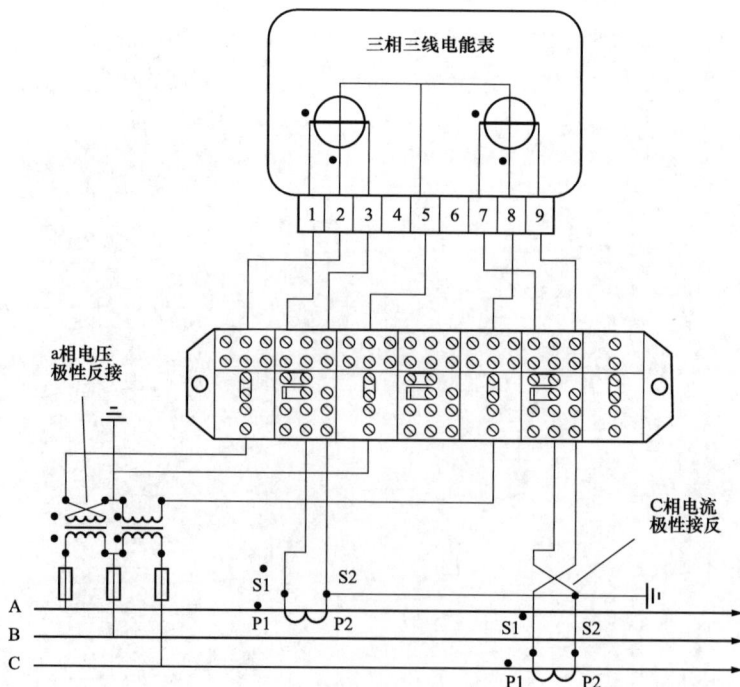

图 2-4-14　错误接线图

第二种假定

①判断电压相序和相别。

由于 $\dot{U}_{12} \wedge \dot{U}_{32}=121°$，判断接入电能表的电压为正相序。升高相 $U_{13}=174$V，未出现 174V 的另外一相为 b 相，电压相别则为电压相别则为 $\dot{U}_1(\dot{U}_a)$，$\dot{U}_2(\dot{U}_b)$，$\dot{U}_3(\dot{U}_c)$。

②绘制错误接线相量图，确定电压极性反接绕组。

按照正相序 $\dot{U}_a \rightarrow \dot{U}_b \rightarrow \dot{U}_c$ 绘制相量图，假定 $\dot{U}_{32}$ 对应绕组极性反接，在反接后 $\dot{U}_{32}$ 为 $\dot{U}_{bc}$，在相量图上确定 $\dot{U}_{32}$ 的位置，标注对应的线电压 $\dot{U}_{bc}$；确定 $\dot{U}_{12}$ 的位置，标注对应的线电压 $\dot{U}_{ab}$；确定 $\dot{I}_1$、$\dot{I}_2$ 的位置，得出错误接线相量图如图 2-4-15 所示。

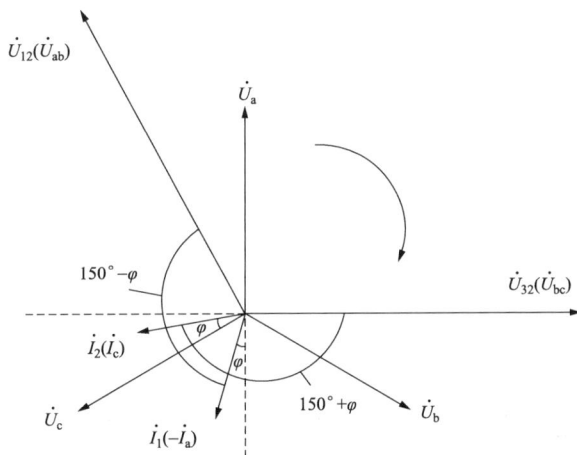

图 2-4-15　错误接线相量图

③判断电流的相别和极性。

$\dot{I}_1$ 反相后，$-\dot{I}_1$ 滞后 $\dot{U}_a$ 的角度约 20°，$\dot{U}_a$ 和 $-\dot{I}_1$ 为同一相的电压电流，判断 $\dot{I}_1$ 为 $-\dot{I}_a$；$\dot{I}_2$ 滞后 $\dot{U}_c$ 的角度约 20°，$\dot{U}_c$ 和 $\dot{I}_2$ 属于同一相的电压电流，判断 $\dot{I}_2$ 为 $\dot{I}_c$，电压互感器二次绕组 bc 绕组极性反接，结论见表 2-4-5。

表 2-4-5　　　　　　错误接线结论表

极性反接二次绕组	bc 绕组		
接入电压	$\dot{U}_1(\dot{U}_a)$	$\dot{U}_2(\dot{U}_b)$	$\dot{U}_3(\dot{U}_c)$
	$\dot{U}_{12}(\dot{U}_{ab})$	$\dot{U}_{32}(\dot{U}_{bc})$	
接入电流	$\dot{I}_1(-\dot{I}_a)$	$\dot{I}_2(\dot{I}_c)$	

④计算更正系数。

错误功率表达式为

$$P' = U_{ab}I_a(150° - \varphi_a) + U_{cb}I_c(150° + \varphi_c)$$

按照三相对称计算更正系数

$$K_g = \frac{P}{P'}$$

$$= \frac{\sqrt{3}U_1 I \cos\varphi}{U_1 I(150° - \varphi_a) + U_1 I(150° + \varphi_c)} = -1。$$

⑤错误接线图如图 2-4-16 所示。

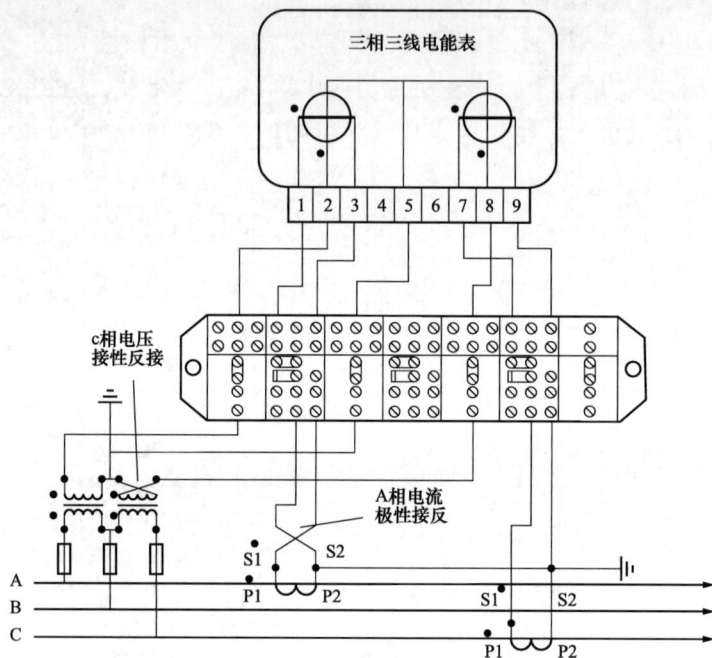

图 2-4-16　错误接线图

五、定相电压法

（一）概述

三相三线电能计量装置 Vv 接线电压互感器的一相极性反接,两组线电压在100V 左右,一组线电压在 173V 左右, 此种情况下, 既可采用假定法进行分析判断, 也可采用本章的定相电压法进行分析判断。

电压互感器采用 Yy_0、$Y_N y_{n0}$ 接线方式时,一相极性反接,三组线电压不会出现 173V,因此, 电压互感器采用 Yy_0、$Y_N y_{n0}$ 接线方式时,不适合使用定相电压法。

（二）定相电压法分析判断步骤

1. 测量电压

测量 U_{12}、U_{32}、U_{31} 三组线电压,两组线电压大致在 100V 左右,一组线电压大致 173V 左右。

2. 测量电流测

测量 I_1、I_2 的大小。

3. 测量相位

测量 $\dot{U}_{12}$ 超前 $\dot{U}_{32}$ 的角度, $\dot{U}_{12}$ 超前 $\dot{I}_1$ 的角度, $\dot{U}_{32}$ 超前 $\dot{I}_2$ 的角度。

4. 绘制错误接线相量图

以 $\dot{U}_{12}$ 为参考相量，根据 $\dot{U}_{12}$、$\dot{U}_{32}$ 相位关系，确定 $\dot{U}_{32}$ 的位置，根据 $\dot{U}_{12}$ 超前 $\dot{I}_1$ 的角度确定 $\dot{I}_1$ 的位置，$\dot{U}_{32}$ 超前 $\dot{I}_2$ 的角度确定 $\dot{I}_2$ 的位置，得出错误接线相量图。

5. 确定相电压

第一种：根据 $\dot{U}_{12}$ 和 $\dot{U}_{32}$ 相位关系，确定相电压 $\dot{U}_1$、$\dot{U}_2$、$\dot{U}_3$ 的位置；$\dot{U}_1$、$\dot{U}_2$、$\dot{U}_3$ 两两组合所指方向的线电压中，总有一组和线电压为 100V 组的方向相反，既电压互感器反接的二次绕组。

第二种：根据 $\dot{U}_{12}$ 和 $\dot{U}_{32}$ 相位关系，确定相电压 $\dot{U}_1$、$\dot{U}_2$、$\dot{U}_3$ 的位置；$\dot{U}_1$、$\dot{U}_2$、$\dot{U}_3$ 两两组合所指方向的线电压中，总有一组和线电压为 100V 组的方向相反，既电压互感器反接的二次绕组。

第一种和第二种方法分别有对应的两种错误接线结论,两种结论错误接线类型不一致,但是功率表达式和更正系数一致,现场实际的接线总是两种错误接线结论中的一种。

6. 判断电压、电流的相别和极性

根据确定的相电压，结合同相电压超前或滞后同相电流对应的功率因素角原则，确定同相的电压、电流。

首先找出 $\dot{I}_1$ 对应的同相电压,也可能需要将 $\dot{I}_1$ 反相为 $-\dot{I}_1$ 后,找出对应的同相电压(电流互感器极性反接),再判断 $\dot{I}_1$ 的相别和极性；同理,找出 $\dot{I}_2$ 对应的同相电压（电流互感器极性反接),最后判断电流 $\dot{I}_2$ 的相别和极性。最后再判断电压互感器反接的二次绕组。

例：10kV 专用配电变压器用电客户，在 10kV 侧三相三线计量，表尾处测量数据如下，$U_{12}=102.8\text{V}$，$U_{13}=173.8\text{V}$，$U_{32}=101.9\text{V}$，$I_1=1.09\text{A}$，$I_2=1.15\text{A}$，$\dot{U}_{12}\hat{\ }\dot{U}_{32}=121°$，$\dot{U}_{12}\hat{\ }\dot{I}_1=231°$，$\dot{U}_{32}\hat{\ }\dot{I}_2=171°$，负载功率因素角为感性 $0\sim30°$，试分析判断错误接线并计算更正系数。

解：从测量数据可知，两组线电压大致为 100V，一组线电压大致为 173V，电压互感器一组极性反接；两相电流有一定大小，基本对称。

第一种定相电压：

（1）绘制错误接线相量图。

以 $\dot{U}_{12}$ 为参考相量，确定 $\dot{U}_{32}$、$\dot{I}_1$、$\dot{I}_2$ 的位置。根据 $\dot{U}_{12}$、$\dot{U}_{32}$ 的相位关系，确定出相电压 $\dot{U}_1$、$\dot{U}_2$、$\dot{U}_3$ 的相位关系，得出错误接线相量图 2-4-17 所示。

（2）判定电压相序，以及同相的电压和电流。

$\dot{U}_1\rightarrow\dot{U}_2\rightarrow\dot{U}_3$ 所指的方向为顺时针，电压的相序为正相序。$\dot{I}_1$ 滞后 $\dot{U}_1$ 的角度约 20°，$\dot{U}_1$ 和同一相的电压电流；$\dot{I}_2$ 反相后 $-\dot{I}_2$ 滞后 $\dot{U}_3$ 的角度约 20°，$\dot{U}_3$ 和 $\dot{I}_2$ 同一相的电压电流；

（3）判断电压、电流的相别和极性。

$\dot{U}_2$ 没有对应的同相电流，判断 $\dot{U}_2$ 为 b 相电压，依次

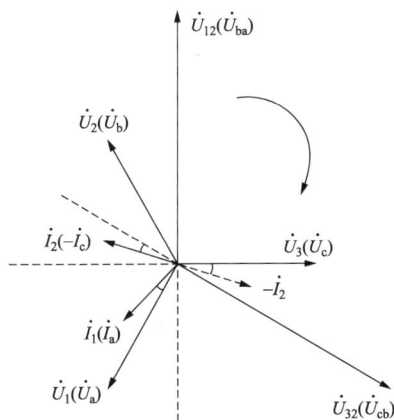

图 2-4-17　错误接线相量图

判断 $\dot{U}_3$ 为 c 相电压，$\dot{U}_1$ 为 a 相电压，$\dot{U}_{12}$ 为 $\dot{U}_{ba}$，$\dot{U}_{32}$ 为 $\dot{U}_{cb}$，判断 $\dot{I}_1$ 为 $\dot{I}_a$，$\dot{I}_2$ 为 $-\dot{I}_c$。

相电压 $\dot{U}_2 \rightarrow \dot{U}_1$ 所指的方向和 $\dot{U}_{12}$ 方向相反，因此 $\dot{U}_{12}$ 对应电压互感器二次侧 ab 绕组极性反接，结论见表 2-4-6。

表 2-4-6 　　　　　　　　　　　错 误 接 线 结 论 表

相性反接二次绕组	ab 绕组		
接入电压	$\dot{U}_1(\dot{U}_a)$	$\dot{U}_2(\dot{U}_b)$	$\dot{U}_3(\dot{U}_c)$
	$\dot{U}_{12}(\dot{U}_{ba})$	$\dot{U}_{32}(\dot{U}_{cb})$	
接入电流	$\dot{I}_1(\dot{I}_a)$	$\dot{I}_2(-\dot{I}_c)$	

（4）计算更正系统。

错误功率表达式为

$$P' = U_{ba}I_a(150° - \varphi_a) + U_{cb}I_c(150° + \varphi_c);$$

按照三相对称计算更正系数

$$K_g = \frac{P}{P'}$$
$$= \frac{\sqrt{3}U_1 I\cos\varphi}{U_1 I(150° - \varphi) + U_1 I(150° + \varphi)} = -1。$$

（5）错误接线图如图 2-4-18 所示。

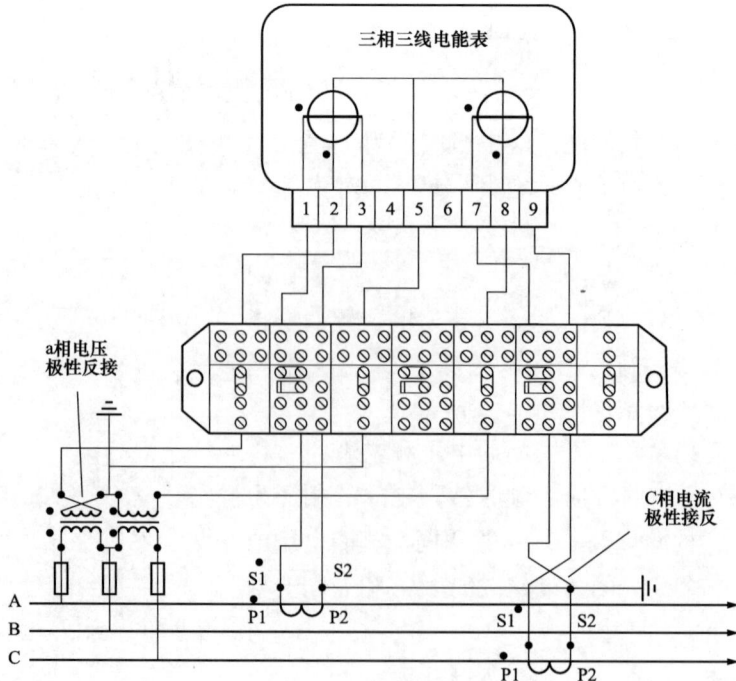

图 2-4-18　错误接线图

78

第二种定相电压：

（1）绘制错误接线相量图。

以 $\dot{U}_{12}$ 为参考相量，确定 $\dot{U}_{32}$、$\dot{I}_1$、$\dot{I}_2$ 的位置。根据 $\dot{U}_{12}$、$\dot{U}_{32}$ 的相位关系，确定出相电压 $\dot{U}_1$、$\dot{U}_2$、$\dot{U}_3$ 的相位关系，得出错误接线相量图如图 2-4-19 所示。

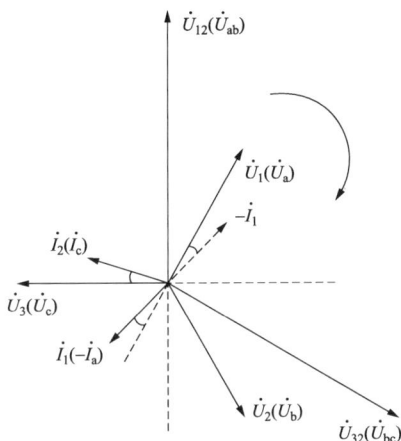

图 2-4-19　错误接线相量图

（2）判定电压相序，以及同相的电压和电流。

$\dot{U}_1 \to \dot{U}_2 \to \dot{U}_3$ 所指的方向为顺时针，电压的相序为正相序。$\dot{I}_1$ 反相后滞后 $\dot{U}_1$ 的角度约 $20°$，$\dot{U}_1$ 和 $-\dot{I}_1$ 同一相的电压电流；$\dot{I}_2$ 滞后 $\dot{U}_3$ 的角度约 $20°$，$\dot{U}_3$ 和 $\dot{I}_2$ 同一相的电压电流。

（3）判断电压、电流的相别和极性。

$\dot{U}_2$ 没有对应的同相电流，判断 $\dot{U}_2$ 为 b 相电压，依次判断 $\dot{U}_3$ 为 c 相电压，$\dot{U}_1$ 为 a 相电压，$\dot{U}_{12}$ 为 $\dot{U}_{ab}$，$\dot{U}_{32}$ 为 $\dot{U}_{bc}$，判断 $\dot{I}_1$ 为 $-\dot{I}_a$，$\dot{I}_2$ 为 $\dot{I}_c$。

相电压 $\dot{U}_2 \to \dot{U}_3$ 所指的方向和 $\dot{U}_{32}$ 方向相反，因此 $\dot{U}_{32}$ 对应电压互感器二次侧 bc 绕组极性反接，结论见表 2-4-7。

表 2-4-7　　　　　　　　　　错误接线结论表

相性反接二次绕组	bc 绕组		
接入电压	$\dot{U}_1\,(\dot{U}_a)$	$\dot{U}_2\,(\dot{U}_b)$	$\dot{U}_3\,(\dot{U}_c)$
	$\dot{U}_{12}\,(\dot{U}_{ab})$	$\dot{U}_{32}\,(\dot{U}_{bc})$	
接入电流	$\dot{I}_1\,(-\dot{I}_a)$	$\dot{I}_2\,(\dot{I}_c)$	

（4）计算更正系数。

错误功率表达式为

$$P' = U_{ab}I_a(150° - \varphi_a) + U_{bc}I_c(150° + \varphi_c)$$

按照三相对称计算更正系数

$$K_g = \frac{P}{P'}$$

$$= \frac{\sqrt{3}U_1 I \cos\varphi}{U_1 I(150° - \varphi) + U_1 I(150° + \varphi)} = -1。$$

（5）错误接线图如图 2-4-20 所示。

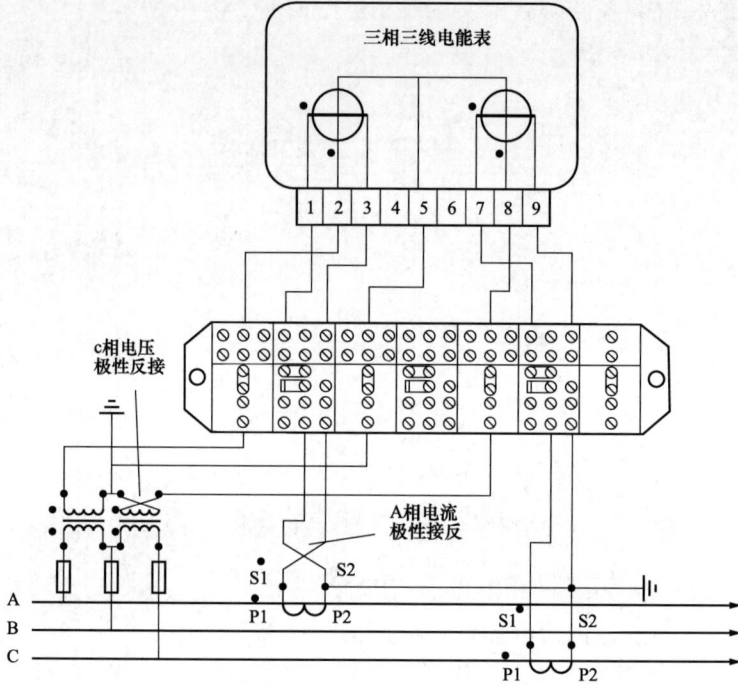

图 2-4-20　错误接线相量图

附 表 1 相 关 计 算 公 式

$$\sin(\pi + \alpha) = -\sin\alpha$$

$$\cos(\pi + \alpha) = -\cos\alpha$$

$$\sin(\pi - \alpha) = \sin\alpha$$

$$\cos(\pi - \alpha) = -\cos\alpha$$

$$\sin\left(\frac{\pi}{2} + \alpha\right) = \cos\alpha$$

$$\cos\left(\frac{\pi}{2} + \alpha\right) = -\sin\alpha$$

$$\sin(\alpha + \beta) = \sin\alpha\cos\beta + \cos\alpha\sin\beta$$

$$\sin(\alpha - \beta) = \sin\alpha\cos\beta - \cos\alpha\sin\beta$$

$$\cos(\alpha + \beta) = \cos\alpha\cos\beta - \sin\alpha\sin\beta$$

$$\cos(\alpha - \beta) = \cos\alpha\cos\beta + \sin\alpha\sin\beta$$

附表2　三相四线有功电能表常规错误接线分类

序号	电压接线	电流接线	相　量　图	功率表达式	更正系数	结　　论
1	A B C	I_a I_b I_c		$P_1 = \dot{U}_a \dot{I}_a \cos\varphi$ $P_2 = \dot{U}_b \dot{I}_b \cos\varphi$ $P_3 = \dot{U}_c \dot{I}_c \cos\varphi$ 以下化简均略 $P = P_1 + P_2 + P_3$ $= 3UI\cos\varphi$	$K = \dfrac{P_0}{P} = 1$	相序：ABC I_a 正进Ⅰ元件； I_b 正进Ⅱ元件； I_c 正进Ⅲ元件
2	A B C	I_a I_c I_b		$P_1 = \dot{U}_a \dot{I}_a \cos\varphi$ $P_2 = \dot{U}_b \dot{I}_c \cos(120°+\varphi)$ $P_3 = \dot{U}_c \dot{I}_b \cos(120°-\varphi)$ $P = P_1 + P_2 + P_3 = 0$	$K = \dfrac{P_0}{P} = \infty$ 无意义	相序：ABC I_a 正进Ⅰ元件； I_c 正进Ⅱ元件； I_b 正进Ⅲ元件
3	A B C	I_b I_a I_c		$P_1 = \dot{U}_a \dot{I}_b \cos(120°+\varphi)$ $P_2 = \dot{U}_b \dot{I}_a \cos(120°-\varphi)$ $P_3 = \dot{U}_c \dot{I}_c \cos\varphi$ $P = P_1 + P_2 + P_3 = 0$	$K = \dfrac{P_0}{P} = \infty$ 无意义	相序：ABC I_b 正进Ⅰ元件； I_a 正进Ⅱ元件； I_c 正进Ⅲ元件

续表

序号	电压接线	电流接线	相量图	功率表达式	更正系数	结论
4	A B C	I_b I_c I_a		$P_1 = \dot{U}_a \dot{I}_b \cos(120° + \varphi)$ $P_2 = \dot{U}_b \dot{I}_c \cos(120° + \varphi)$ $P_3 = \dot{U}_c \dot{I}_a \cos(120° + \varphi)$ $P = P_1 + P_2 + P_3$ $= -\dfrac{3}{2} UI(\cos\varphi + \sqrt{3}\sin\varphi)$	$K = \dfrac{P_0}{P}$ $= -\dfrac{2}{1 + \sqrt{3}\tan\varphi}$	相序：ABC I_b 正进 I 元件； I_c 正进 II 元件； I_a 正进 III 元件
5	A B C	I_c I_a I_b		$P_1 = \dot{U}_a \dot{I}_c \cos(120° - \varphi)$ $P_2 = \dot{U}_b \dot{I}_a \cos(120° - \varphi)$ $P_3 = \dot{U}_c \dot{I}_b \cos(120° - \varphi)$ $P = P_1 + P_2 + P_3$ $= -\dfrac{3}{2} UI(\cos\varphi - \sqrt{3}\sin\varphi)$	$K = \dfrac{P_0}{P}$ $= -\dfrac{2}{1 - \sqrt{3}\tan\varphi}$	相序：ABC I_c 正进 I 元件； I_a 正进 II 元件； I_b 正进 III 元件
6	A B C	I_c I_b I_a		$P_1 = \dot{U}_a \dot{I}_c \cos(120° - \varphi)$ $P_2 = \dot{U}_b \dot{I}_b \cos\varphi$ $P_3 = \dot{U}_c \dot{I}_a \cos(120° + \varphi)$ $P = P_1 + P_2 + P_3 = 0$	$K = \dfrac{P_0}{P} = \infty$ 无意义	相序：ABC I_c 正进 I 元件； I_b 正进 II 元件； I_a 正进 III 元件

序号	电压接线	电流接线	相 量 图	功率表达式	更正系数	结 论
7	A B C	$-I_a$ I_b I_c		$P_1=\dot{U}_a(-\dot{I}_a)\cos(180°-\varphi)$ $P_2=\dot{U}_b\dot{I}_b\cos\varphi$ $P_3=\dot{U}_c\dot{I}_c\cos\varphi$ $P=P_1+P_2+P_3$ $=UI\cos\varphi$	$K=\dfrac{P_0}{P}=3$	相序：ABC I_a 反进 I 元件；I_b 正进 II 元件；I_c 正进 III 元件
8	A B C	$-I_a$ I_c I_b		$P_1=\dot{U}_a(-\dot{I}_a)\cos(180°-\varphi)$ $P_2=\dot{U}_b\dot{I}_c\cos(120°+\varphi)$ $P_3=\dot{U}_c\dot{I}_b\cos(120°-\varphi)$ $P=P_1+P_2+P_3$ $=-2UI\cos\varphi$	$K=\dfrac{P_0}{P}=1.5$	相序：ABC I_a 反进 I 元件；I_c 正进 II 元件；I_b 正进 III 元件
9	A B C	I_b $-I_a$ I_c		$P_1=\dot{U}_a\dot{I}_b\cos(120°+\varphi)$ $P_2=\dot{U}_b(-\dot{I}_a)\cos(60°+\varphi)$ $P_3=\dot{U}_c\dot{I}_c\cos\varphi$ $P=P_1+P_2+P_3$ $=UI(\cos\varphi-\sqrt{3}\sin\varphi)$	$K=\dfrac{P_0}{P}$ $=\dfrac{3}{1-\sqrt{3}\tan\varphi}$	相序：ABC I_b 正进 I 元件；I_a 反进 II 元件；I_c 正进 III 元件

序号	电压接线	电流接线	相 量 图	功率表达式	更正系数	结 论
10	A B C	I_b I_c $-I_a$		$P_1 = \dot{U}_a \dot{I}_b \cos(120° + \varphi)$ $P_2 = \dot{U}_b \dot{I}_c \cos(120° + \varphi)$ $P_3 = \dot{U}_c(-\dot{I}_a)\cos(60° - \varphi)$ $P = P_1 + P_2 + P_3$ $= -\dfrac{1}{2}UI(\cos\varphi + \sqrt{3}\sin\varphi)$	$K = \dfrac{P_0}{P}$ $= -\dfrac{6}{1+\sqrt{3}\tan\varphi}$	相序：ABC I_b 正进 Ⅰ 元件； I_c 正进 Ⅱ 元件； I_a 反进 Ⅲ 元件
11	A B C	I_c $-I_a$ I_b		$P_1 = \dot{U}_a \dot{I}_c \cos(120° - \varphi)$ $P_2 = \dot{U}_b(-\dot{I}_a)\cos(60° + \varphi)$ $P_3 = \dot{U}_c \dot{I}_b \cos(120° - \varphi)$ $P = P_1 + P_2 + P_3$ $= -\dfrac{1}{2}UI(\cos\varphi - \sqrt{3}\sin\varphi)$	$K = \dfrac{P_0}{P}$ $= -\dfrac{6}{1-\sqrt{3}\tan\varphi}$	相序：ABC I_c 正进 Ⅰ 元件； I_a 反进 Ⅱ 元件； I_b 正进 Ⅲ 元件
12	A B C	I_c I_b $-I_a$		$P_1 = \dot{U}_a \dot{I}_c \cos(120° - \varphi)$ $P_2 = \dot{U}_b \dot{I}_b \cos\varphi$ $P_3 = \dot{U}_c(-\dot{I}_a)\cos(60° - \varphi)$ $P = P_1 + P_2 + P_3$ $= UI(\cos\varphi + \sqrt{3}\sin\varphi)$	$K = \dfrac{P_0}{P}$ $= \dfrac{3}{1+\sqrt{3}\tan\varphi}$	相序：ABC I_c 正进 Ⅰ 元件； I_b 正进 Ⅱ 元件； I_a 反进 Ⅲ 元件

续表

序号	电压接线	电流接线	相 量 图	功率表达式	更正系数	结　论
13	A B C	I_a $-I_b$ I_c		$P_1 = \dot{U}_a \dot{I}_a \cos\varphi$ $P_2 = \dot{U}_b(-\dot{I}_b)\cos(180°-\varphi)$ $P_3 = \dot{U}_c \dot{I}_c \cos\varphi$ $P = P_1 + P_2 + P_3$ $= UI\cos\varphi$	$K = \dfrac{P_0}{P} = 3$	相序：ABC I_a 正进 I 元件； I_b 反进 II 元件； I_c 正进 III 元件
14	A B C	I_a I_c $-I_b$		$P_1 = \dot{U}_a \dot{I}_a \cos\varphi$ $P_2 = \dot{U}_b \dot{I}_c \cos(120°+\varphi)$ $P_3 = \dot{U}_c(-\dot{I}_b)\cos(60°+\varphi)$ $P = P_1 + P_2 + P_3$ $= UI(\cos\varphi - \sqrt{3}\sin\varphi)$	$K = \dfrac{P_0}{P}$ $= \dfrac{3}{1-\sqrt{3}\tan\varphi}$	相序：ABC I_a 正进 I 元件； I_c 正进 II 元件； I_b 反进 III 元件
15	A B C	$-I_b$ I_a I_c		$P_1 = \dot{U}_a(-\dot{I}_b)\cos(60°-\varphi)$ $P_2 = \dot{U}_b \dot{I}_a \cos(120°-\varphi)$ $P_3 = \dot{U}_c \dot{I}_c \cos\varphi$ $P = P_1 + P_2 + P_3$ $= UI(\cos\varphi + \sqrt{3}\sin\varphi)$	$K = \dfrac{P_0}{P}$ $= \dfrac{3}{1+\sqrt{3}\tan\varphi}$	相序：ABC I_b 反进 I 元件； I_a 正进 II 元件； I_c 正进 III 元件

序号	电压接线	电流接线	相 量 图	功率表达式	更正系数	结 论
16	A B C	$-I_b$ I_c I_a		$P_1 = \dot{U}_a(-\dot{I}_b)\cos(60° - \varphi)$ $P_2 = \dot{U}_b\dot{I}_c\cos(120° + \varphi)$ $P_3 = \dot{U}_c\dot{I}_a\cos(120° + \varphi)$ $P = P_1 + P_2 + P_3$ $= -\dfrac{1}{2}UI(\cos\varphi + \sqrt{3}\sin\varphi)$	$K = \dfrac{P_0}{P}$ $= -\dfrac{6}{1+\sqrt{3}\tan\varphi}$	相序：ABC I_b 反进 I 元件； I_c 正进 II 元件； I_a 正进 III 元件
17	A B C	I_c I_a $-I_b$		$P_1 = \dot{U}_a\dot{I}_c\cos(120° - \varphi)$ $P_2 = \dot{U}_b\dot{I}_a\cos(120° - \varphi)$ $P_3 = \dot{U}_c(-\dot{I}_b)\cos(60° + \varphi)$ $P = P_1 + P_2 + P_3$ $= -\dfrac{1}{2}UI(\cos\varphi - \sqrt{3}\sin\varphi)$	$K = \dfrac{P_0}{P}$ $= -\dfrac{6}{1-\sqrt{3}\tan\varphi}$	相序：ABC I_c 正进 I 元件； I_a 正进 II 元件； I_b 反进 III 元件
18	A B C	I_c $-I_b$ I_a		$P_1 = \dot{U}_a\dot{I}_c\cos(120° - \varphi)$ $P_2 = \dot{U}_b(-\dot{I}_b)\cos(180° - \varphi)$ $P_3 = \dot{U}_c\dot{I}_a\cos(120° + \varphi)$ $P = P_1 + P_2 + P_3$ $= -2UI\cos\varphi$	$K = \dfrac{P_0}{P} = -1.5$	相序：ABC I_c 正进 I 元件； I_b 反进 II 元件； I_a 正进 III 元件

续表

序号	电压接线	电流接线	相 量 图	功率表达式	更正系数	结 论
19	A B C	I_a I_b $-I_c$		$P_1 = \dot{U}_a \dot{I}_a \cos\varphi$ $P_2 = \dot{U}_b \dot{I}_b \cos\varphi$ $P_3 = \dot{U}_c(-\dot{I}_c)\cos(180° - \varphi)$ $P = P_1 + P_2 + P_3$ $= UI\cos\varphi$	$K = \dfrac{P_0}{P} = 3$	相序：ABC I_a 正进 I 元件； I_b 正进 II 元件； I_c 反进 III 元件
20	A B C	I_a $-I_c$ I_b		$P_1 = \dot{U}_a \dot{I}_a \cos\varphi$ $P_2 = \dot{U}_b(-\dot{I}_c)\cos(60° - \varphi)$ $P_3 = \dot{U}_c \dot{I}_b)\cos(120° - \varphi)$ $P = P_1 + P_2 + P_3$ $= UI(\cos\varphi + \sqrt{3}\sin\varphi)$	$K = \dfrac{P_0}{P}$ $= \dfrac{3}{1 + \sqrt{3}\tan\varphi}$	相序：ABC I_a 正进 I 元件； I_c 反进 II 元件； I_b 正进 III 元件
21	A B C	I_b I_a $-I_c$		$P_1 = \dot{U}_a \dot{I}_b \cos(120° + \varphi)$ $P_2 = \dot{U}_b \dot{I}_a \cos(120° - \varphi)$ $P_3 = \dot{U}_c(-\dot{I}_c)\cos(180° - \varphi)$ $P = P_1 + P_2 + P_3$ $= -2UI\cos\varphi$	$K = \dfrac{P_0}{P} = -1.5$	相序：ABC I_b 正进 I 元件； I_a 正进 II 元件； I_c 反进 III 元件

序号	电压接线	电流接线	相　量　图	功率表达式	更正系数	结　　论
22	A B C	I_b $-I_c$ I_a		$P_1 = \dot{U}_a \dot{I}_b \cos(120° + \varphi)$ $P_2 = \dot{U}_b(-\dot{I}_c)\cos(60° - \varphi)$ $P_3 = \dot{U}_c \dot{I}_a \cos(120° + \varphi)$ $P = P_1 + P_2 + P_3$ $= -\dfrac{1}{2}UI(\cos\varphi + \sqrt{3}\sin\varphi)$	$K = \dfrac{P_0}{P}$ $= -\dfrac{6}{1+\sqrt{3}\tan\varphi}$	相序：ABC I_b 正进 I 元件； I_c 反进 II 元件； I_a 正进 III 元件
23	A B C	$-I_c$ I_a I_b		$P_1 = \dot{U}_a(-\dot{I}_c)\cos(60° + \varphi)$ $P_2 = \dot{U}_b \dot{I}_a \cos(120° - \varphi)$ $P_3 = \dot{U}_c \dot{I}_b \cos(120° - \varphi)$ $P = P_1 + P_2 + P_3$ $= -\dfrac{1}{2}UI(\cos\varphi - \sqrt{3}\sin\varphi)$	$K = \dfrac{P_0}{P}$ $= -\dfrac{6}{1-\sqrt{3}\tan\varphi}$	相序：ABC I_c 反进 I 元件； I_a 正进 II 元件； I_b 正进 III 元件
24	A B C	$-I_c$ I_b I_a		$P_1 = \dot{U}_a(-\dot{I}_c)\cos(60° + \varphi)$ $P_2 = \dot{U}_b \dot{I}_b \cos\varphi$ $P_3 = \dot{U}_c \dot{I}_a \cos(120° + \varphi)$ $P = P_1 + P_2 + P_3$ $= UI(\cos\varphi - \sqrt{3}\sin\varphi)$	$K = \dfrac{P_0}{P}$ $= \dfrac{3}{1-\sqrt{3}\tan\varphi}$	相序：ABC I_c 反进 I 元件； I_b 正进 II 元件； I_a 正进 III 元件

序号	电压接线	电流接线	相 量 图	功率表达式	更正系数	结 论
25	A B C	$-I_a$ $-I_b$ I_c		$P_1 = \dot{U}_a(-\dot{I}_a)\cos(180° - \varphi)$ $P_2 = \dot{U}_b(-\dot{I}_b)\cos(180° - \varphi)$ $P_3 = \dot{U}_c\dot{I}_c\cos\varphi$ $P = P_1 + P_2 + P_3$ $= -UI\cos\varphi$	$K=-3$	相序：ABC I_a 反进 I 元件； I_b 反进 II 元件； I_c 正进 III 元件
26	A B C	$-I_a$ I_c $-I_b$		$P_1 = \dot{U}_a(-\dot{I}_a)\cos(180° - \varphi)$ $P_2 = \dot{U}_b\dot{I}_c\cos(120° + \varphi)$ $P_3 = \dot{U}_c(-\dot{I}_b)\cos(60° + \varphi)$ $P = P_1 + P_2 + P_3$ $= UI(\cos\varphi - \sqrt{3}\sin\varphi)$	$K = \dfrac{P_0}{P}$ $= \dfrac{3}{1 - \sqrt{3}\tan\varphi}$	相序：ABC I_a 反进 I 元件； I_c 正进 II 元件； I_b 反进 III 元件
27	A B C	$-I_b$ $-I_a$ I_c		$P_1 = \dot{U}_a(-\dot{I}_b)\cos(60° - \varphi)$ $P_2 = \dot{U}_b(-\dot{I}_a)\cos(60° + \varphi)$ $P_3 = \dot{U}_c\dot{I}_c\cos\varphi$ $P = P_1 + P_2 + P_3$ $= 2UI\cos\varphi$	$K = \dfrac{P_0}{P} = 1.5$	相序：ABC I_b 反进 I 元件； I_a 反进 II 元件； I_c 正进 III 元件

序号	电压接线	电流接线	相　量　图	功率表达式	更正系数	结　　论
28	A B C	$-I_b$ I_c $-I_a$		$P_1 = \dot{U}_a(-\dot{I}_b)\cos(60° - \varphi)$ $P_2 = \dot{U}_b\dot{I}_c\cos(120° + \varphi)$ $P_3 = \dot{U}_c(-\dot{I}_a)\cos(60° - \varphi)$ $P = P_1 + P_2 + P_3$ $= \dfrac{1}{2}UI(\cos\varphi + \sqrt{3}\sin\varphi)$	$K = \dfrac{P_0}{P}$ $= \dfrac{6}{1 + \sqrt{3}\tan\varphi}$	相序：ABC I_b 反进 Ⅰ元件； I_c 正进 Ⅱ元件； I_a 反进 Ⅲ元件
29	A B C	I_c $-I_a$ $-I_b$		$P_1 = \dot{U}_a\dot{I}_c\cos(120° - \varphi)$ $P_2 = \dot{U}_b(-\dot{I}_a)\cos(60° + \varphi)$ $P_3 = \dot{U}_c(-\dot{I}_b)\cos(60° + \varphi)$ $P = P_1 + P_2 + P_3$ $= \dfrac{1}{2}UI(\cos\varphi - \sqrt{3}\sin\varphi)$	$K = \dfrac{P_0}{P}$ $= \dfrac{6}{1 - \sqrt{3}\tan\varphi}$	相序：ABC I_c 正进 Ⅰ元件； I_a 反进 Ⅱ元件； I_b 反进 Ⅲ元件
30	A B C	I_c $-I_b$ $-I_a$		$P_1 = \dot{U}_a\dot{I}_c\cos(120° - \varphi)$ $P_2 = \dot{U}_b(-\dot{I}_b)\cos(180° - \varphi)$ $P_3 = \dot{U}_c(-\dot{I}_a)\cos(60° - \varphi)$ $P = P_1 + P_2 + P_3$ $= -UI(\cos\varphi - \sqrt{3}\sin\varphi)$	$K = \dfrac{P_0}{P}$ $= -\dfrac{3}{1 - \sqrt{3}\tan\varphi}$	相序：ABC I_c 正进 Ⅰ元件； I_b 反进 Ⅱ元件； I_a 反进 Ⅲ元件

序号	电压接线	电流接线	相 量 图	功率表达式	更正系数	结 论
31	A B C	$-I_a$ I_b $-I_c$		$P_1=\dot{U}_a(-\dot{I}_a)\cos(180°-\varphi)$ $P_2=\dot{U}_b\dot{I}_b\cos\varphi$ $P_3=\dot{U}_c(-\dot{I}_c)\cos(180°-\varphi)$ $P=P_1+P_2+P_3$ $=-UI\cos\varphi$	$K=\dfrac{P_0}{P}=-3$	相序：ABC I_a 反进 I 元件；I_b 正进 II 元件；I_c 反进 III 元件
32	A B C	$-I_a$ $-I_c$ I_b		$P_1=\dot{U}_a(-\dot{I}_a)\cos(180°-\varphi)$ $P_2=\dot{U}_b(-\dot{I}_c)\cos(60°-\varphi)$ $P_3=\dot{U}_c\dot{I}_b\cos(120°-\varphi)$ $P=P_1+P_2+P_3$ $=-UI(\cos\varphi-\sqrt{3}\sin\varphi)$	$K=\dfrac{P_0}{P}$ $=-\dfrac{3}{1-\sqrt{3}\tan\varphi}$	相序：ABC I_a 反进 I 元件；I_c 反进 II 元件；I_b 正进 III 元件
33	A B C	I_b $-I_a$ $-I_c$		$P_1=\dot{U}_a\dot{I}_b\cos(120°+\varphi)$ $P_2=\dot{U}_b(-\dot{I}_a)\cos(60°+\varphi)$ $P_3=\dot{U}_c(-\dot{I}_c)\cos(180°-\varphi)$ $P=P_1+P_2+P_3$ $=-UI(\cos\varphi+\sqrt{3}\sin\varphi)$	$K=\dfrac{P_0}{P}$ $=-\dfrac{3}{1+\sqrt{3}\tan\varphi}$	相序：ABC I_b 正进 I 元件；I_a 反进 II 元件；I_c 反进 III 元件

续表

序号	电压接线	电流接线	相 量 图	功率表达式	更正系数	结 论
34	A B C	I_b $-I_c$ $-I_a$		$P_1 = \dot{U}_a \dot{I}_b \cos(120°+\varphi)$ $P_2 = \dot{U}_b(-\dot{I}_c)\cos(60°-\varphi)$ $P_3 = \dot{U}_c(-\dot{I}_a)\cos(60°-\varphi)$ $P = P_1 + P_2 + P_3$ $= \frac{1}{2}UI(\cos\varphi+\sqrt{3}\sin\varphi)$	$K = \frac{P_0}{P}$ $= \frac{6}{1+\sqrt{3}\tan\varphi}$	相序：ABC I_b 正进 I 元件； I_c 反进 II 元件； I_a 反进 III 元件
35	A B C	$-I_c$ $-I_a$ I_b		$P_1 = \dot{U}_a(-\dot{I}_c)\cos(60°+\varphi)$ $P_2 = \dot{U}_b(-\dot{I}_a)\cos(60°+\varphi)$ $P_3 = \dot{U}_c \dot{I}_c \cos(120°-\varphi)$ $P = P_1 + P_2 + P_3$ $= \frac{1}{2}UI(\cos\varphi-\sqrt{3}\sin\varphi)$	$K = \frac{P_0}{P}$ $= \frac{6}{1-\sqrt{3}\tan\varphi}$	相序：ABC I_c 反进 I 元件； I_a 反进 II 元件； I_b 正进 III 元件
36	A B C	$-I_c$ I_b $-I_a$		$P_1 = \dot{U}_a(-\dot{I}_c)\cos(60°+\varphi)$ $P_2 = \dot{U}_b \dot{I}_b \cos\varphi$ $P_3 = \dot{U}_c(-\dot{I}_a)\cos(60°-\varphi)$ $P = P_1 + P_2 + P_3$ $= 2UI\cos\varphi$	$K = \frac{P_0}{P} = 1.5$	相序：ABC I_c 反进 I 元件； I_b 正进 II 元件； I_a 反进 III 元件

序号	电压接线	电流接线	相 量 图	功率表达式	更正系数	结 论
37	A B C	I_a $-I_b$ $-I_c$		$P_1 = \dot{U}_a \dot{I}_a \cos\varphi$ $P_2 = \dot{U}_b(-\dot{I}_b)\cos(180° - \varphi)$ $P_3 = \dot{U}_c(-\dot{I}_c)\cos(180° - \varphi)$ $P = P_1 + P_2 + P_3$ $= -UI\cos\varphi$	$K = \dfrac{P_0}{P} = -3$	相序：ABC I_a 正进 I 元件; I_b 反进 II 元件; I_c 反进 III 元件
38	A B C	I_a $-I_c$ $-I_b$		$P_1 = \dot{U}_a \dot{I}_a \cos\varphi$ $P_2 = \dot{U}_b(-\dot{I}_c)\cos(60° - \varphi)$ $P_3 = \dot{U}_c(-\dot{I}_b)\cos(60° + \varphi)$ $P = P_1 + P_2 + P_3$ $= 2UI\cos\varphi$	$K = \dfrac{P_0}{P} = 1.5$	相序：ABC I_a 正进 I 元件; I_c 反进 II 元件; I_b 反进 III 元件
39	A B C	$-I_b$ I_a $-I_c$		$P_1 = \dot{U}_a(-\dot{I}_b)\cos(60° - \varphi)$ $P_2 = \dot{U}_b \dot{I}_a \cos(120° - \varphi)$ $P_3 = \dot{U}_c(-\dot{I}_c)\cos(180° - \varphi)$ $P = P_1 + P_2 + P_3$ $= -UI(\cos\varphi - \sqrt{3}\sin\varphi)$	$K = \dfrac{P_0}{P}$ $= -\dfrac{3}{1 - \sqrt{3}\tan\varphi}$	相序：ABC I_b 反进 I 元件; I_a 正进 II 元件; I_c 反进 III 元件

序号	电压接线	电流接线	相　量　图	功率表达式	更正系数	结　论
40	A B C	$-I_b$ $-I_c$ I_a		$P_1 = \dot{U}_a(-\dot{I}_b)\cos(60°-\varphi)$ $P_2 = \dot{U}_b(-\dot{I}_c)\cos(60°-\varphi)$ $P_3 = \dot{U}_c\dot{I}_a\cos(120°+\varphi)$ $P = P_1+P_2+P_3$ $= \dfrac{1}{2}UI(\cos\varphi+\sqrt{3}\sin\varphi)$	$K = \dfrac{P_0}{P}$ $= \dfrac{6}{1+\sqrt{3}\tan\varphi}$	相序：ABC I_b 反进 I 元件； I_c 反进 II 元件； I_a 正进 III 元件
41	A B C	$-I_c$ I_a $-I_b$		$P_1 = \dot{U}_a(-\dot{I}_c)\cos(60°+\varphi)$ $P_2 = \dot{U}_b\dot{I}_a\cos(120°-\varphi)$ $P_3 = \dot{U}_c(-\dot{I}_b)\cos(60°+\varphi)$ $P = P_1+P_2+P_3$ $= \dfrac{1}{2}UI(\cos\varphi-\sqrt{3}\sin\varphi)$	$K = \dfrac{P_0}{P}$ $= \dfrac{6}{1-\sqrt{3}\tan\varphi}$	相序：ABC I_c 反进 I 元件； I_a 正进 II 元件； I_b 反进 III 元件
42	A B C	$-I_c$ $-I_b$ I_a		$P_1 = \dot{U}_a(-\dot{I}_c)\cos(60°+\varphi)$ $P_2 = \dot{U}_b(-\dot{I}_b)\cos(180°-\varphi)$ $P_3 = \dot{U}_c\dot{I}_a\cos(120°+\varphi)$ $P = P_1+P_2+P_3$ $= -UI(\cos\varphi+\sqrt{3}\sin\varphi)$	$K = \dfrac{P_0}{P}$ $= -\dfrac{3}{1+\sqrt{3}\tan\varphi}$	相序：ABC I_c 反进 I 元件； I_b 反进 II 元件； I_a 正进 III 元件

序号	电压接线	电流接线	相 量 图	功率表达式	更正系数	结 论
43	A B C	$-I_a$ $-I_b$ $-I_c$		$P_1 = \dot{U}_a(-\dot{I}_a)\cos(180° - \varphi)$ $P_2 = \dot{U}_b(-\dot{I}_b)\cos(180° - \varphi)$ $P_3 = \dot{U}_c(-\dot{I}_c)\cos(180° + \varphi)$ $P = P_1 + P_2 + P_3$ $= -3UI\cos\varphi$	$K = \dfrac{P_0}{P} = -1$	相序：ABC I_a 反进 I 元件； I_b 反进 II 元件； I_c 反进 III 元件
44	A B C	$-I_a$ $-I_c$ $-I_b$		$P_1 = \dot{U}_a(-\dot{I}_a)\cos(180° - \varphi)$ $P_2 = \dot{U}_b(-\dot{I}_c)\cos(60° - \varphi)$ $P_3 = \dot{U}_c(-\dot{I}_b)\cos(60° + \varphi)$ $P = P_1 + P_2 + P_3 = 0$	$K = \dfrac{P_0}{P} = \infty$ 无意义	相序：ABC I_a 反进 I 元件； I_c 反进 II 元件； I_b 反进 III 元件
45	A B C	$-I_b$ $-I_a$ $-I_c$		$P_1 = \dot{U}_a(-\dot{I}_b)\cos(60° - \varphi)$ $P_2 = \dot{U}_b(-\dot{I}_a)\cos(60° + \varphi)$ $P_3 = \dot{U}_c(-\dot{I}_c)\cos(180° - \varphi)$ $P = P_1 + P_2 + P_3 = 0$	$K = \dfrac{P_0}{P} = \infty$ 无意义	相序：ABC I_b 反进 I 元件； I_a 反进 II 元件； I_c 反进 III 元件

序号	电压接线	电流接线	相　量　图	功率表达式	更正系数	结　　论
46	A B C	$-I_b$ $-I_c$ $-I_a$		$P_1 = \dot{U}_a(-\dot{I}_b)\cos(60° - \varphi)$ $P_2 = \dot{U}_b(-\dot{I}_c)\cos(60° - \varphi)$ $P_3 = \dot{U}_c(-\dot{I}_a)\cos(60° - \varphi)$ $P = P_1 + P_2 + P_3$ $= \dfrac{3}{2}UI(\cos\varphi + \sqrt{3}\sin\varphi)$	$K = \dfrac{P_0}{P}$ $= \dfrac{2}{1 + \sqrt{3}\tan\varphi}$	相序：ABC I_b 反进 I 元件； I_c 反进 II 元件； I_a 反进 III 元件
47	A B C	$-I_c$ $-I_a$ $-I_b$		$P_1 = \dot{U}_a(-\dot{I}_c)\cos(60° + \varphi)$ $P_2 = \dot{U}_b(-\dot{I}_a)\cos(60° + \varphi)$ $P_3 = \dot{U}_c(-\dot{I}_b)\cos(60° + \varphi)$ $P = P_1 + P_2 + P_3$ $= \dfrac{3}{2}UI(\cos\varphi - \sqrt{3}\sin\varphi)$	$K = \dfrac{P_0}{P}$ $= \dfrac{2}{1 - \sqrt{3}\tan\varphi}$	相序：ABC I_c 反进 I 元件； I_a 反进 II 元件； I_b 反进 III 元件
48	A B C	$-I_c$ $-I_b$ $-I_a$		$P_1 = \dot{U}_a(-\dot{I}_c)\cos(60° + \varphi)$ $P_2 = \dot{U}_b(-\dot{I}_b)\cos(180° - \varphi)$ $P_3 = \dot{U}_c(-\dot{I}_a)\cos(60° - \varphi)$ $P = P_1 + P_2 + P_3 = 0$	$K = \dfrac{P_0}{P} = \infty$ 无意义	相序：ABC I_c 反进 I 元件； I_b 反进 II 元件； I_a 反进 III 元件

附表3　三相三线有功电能表常规错误接线分类

序号	电压接线	电流接线	相量图	功率表达式	更正系数	结论
1	A B C	I_a I_c		$P_1 = \dot{U}_{ab}\dot{I}_a \cos(30°+\varphi)$ $P_2 = \dot{U}_{cb}\dot{I}_c \cos(30°-\varphi)$ 化简略 $P = P_1 + P_2$ $= UI\left(\dfrac{\sqrt{3}}{2}\cos\varphi - \dfrac{1}{2}\sin\varphi\right.$ $\left.+\dfrac{\sqrt{3}}{2}\cos\varphi + \dfrac{1}{2}\sin\varphi\right)$ $= \sqrt{3}UI\cos\varphi$	$K=1$	正确接线 相序：ABC I_a 正进Ⅰ元件； I_c 正进Ⅱ元件
2	A B C	$-I_a$ I_c		$P_1 = \dot{U}_{ab}(-\dot{I}_a)\cos(150°-\varphi)$ $P_2 = \dot{U}_{cb}\dot{I}_c \cos(30°-\varphi)$ 化简略 $P = P_1 + P_2$ $= UI\left(-\dfrac{\sqrt{3}}{2}\cos\varphi + \dfrac{1}{2}\sin\varphi\right.$ $\left.+\dfrac{\sqrt{3}}{2}\cos\varphi + \dfrac{1}{2}\sin\varphi\right)$ $= UI\sin\varphi$	$K = \sqrt{3}\cot\varphi$	相序：ABC I_a 反进Ⅰ元件； I_c 正进Ⅱ元件。 或 表尾电压接入方式：ABC； 电流接入方式：I_aI_c； TA 二次极性反接相：A相
3	A B C	I_a $-I_c$		$P_1 = \dot{U}_{ab}\dot{I}_a \cos(30°+\varphi)$ $P_2 = \dot{U}_{cb}(-\dot{I}_c)\cos(150°+\varphi)$ 化简略 $P = P_1 + P_2$ $= UI\left(\dfrac{\sqrt{3}}{2}\cos\varphi - \dfrac{1}{2}\sin\varphi\right.$ $\left.-\dfrac{\sqrt{3}}{2}\cos\varphi - \dfrac{1}{2}\sin\varphi\right)$ $= -UI\sin\varphi$	$K = \dfrac{P_0}{P}$ $= -\sqrt{3}\cot\varphi$	相序：ABC I_a 正进Ⅰ元件； I_c 反进Ⅱ元件。 或 表尾电压接入方式：ABC； 电流接入方式：I_aI_c； TA 二次极性反接相：C相

序号	电压接线	电流接线	相 量 图	功 率 表 达 式	更 正 系 数	结 　 论
4	A B C	$-I_\mathrm{a}$ $-I_\mathrm{c}$		$P_1 = \dot{U}_\mathrm{ab}(-\dot{I}_\mathrm{a})\cos(150° - \varphi)$ $P_2 = \dot{U}_\mathrm{cb}(-\dot{I}_\mathrm{c})\cos(150° + \varphi)$ 化简略 $P = P_1 + P_2$ $= UI\left(-\dfrac{\sqrt{3}}{2}\cos\varphi + \dfrac{1}{2}\sin\varphi \right.$ $\left. -\dfrac{\sqrt{3}}{2}\cos\varphi - \dfrac{1}{2}\sin\varphi \right)$ $= -\sqrt{3}UI\cos\varphi$	$K = \dfrac{P_0}{P} = -1$	相序：ABC I_a 反进 I 元件； I_c 反进 II 元件。 或 表尾电压接入方式：ABC； 电流接入方式：$I_\mathrm{a}I_\mathrm{c}$； TA 二次极性反接相：A、C 相
5	A B C	I_c I_a		$P_1 = \dot{U}_\mathrm{ab}\dot{I}_\mathrm{c}\cos(90° - \varphi)$ $P_2 = \dot{U}_\mathrm{cb}\dot{I}_\mathrm{a}\cos(90° + \varphi)$ 化简略 $P = P_1 + P_2$ $= UI(\sin\varphi - \sin\varphi)$ $= 0$	$K = \dfrac{P_0}{P} = \infty$ 无意义	相序：ABC I_c 正进 I 元件； I_a 正进 II 元件。 或 表尾电压接入方式：ABC； 电流接入方式：$I_\mathrm{c}I_\mathrm{a}$； TA 二次极性反接相：无
6	A B C	I_c $-I_\mathrm{a}$		$P_1 = \dot{U}_\mathrm{ab}\dot{I}_\mathrm{c}\cos(90° - \varphi)$ $P_2 = \dot{U}_\mathrm{cb}(-\dot{I}_\mathrm{a})\cos(90° - \varphi)$ 化简略 $P = P_1 + P_2$ $= UI(\sin\varphi + \sin\varphi)$ $= 2UI\sin\varphi$	$K = \dfrac{P_0}{P}$ $= \dfrac{\sqrt{3}}{2\tan\varphi}$ $= \dfrac{\sqrt{3}}{2}\cot\varphi$	相序：ABC I_c 正进 I 元件； I_a 反进 II 元件。 或 表尾电压接入方式：ABC； 电流接入方式：$I_\mathrm{c}I_\mathrm{a}$； TA 二次极性反接相：A 相

续表

序号	电压接线	电流接线	相 量 图	功率表达式	更正系数	结 论
7	A B C	$-I_c$ I_a		$P_1 = \dot{U}_{ab}(-\dot{I}_c)\cos(90°+\varphi)$ $P_2 = \dot{U}_{cb}\dot{I}_a\cos(90°+\varphi)$ 化简略 $P = P_1 + P_2$ $= UI(-\sin\varphi - \sin\varphi)$ $= -2UI\sin\varphi$	$K = \dfrac{P_0}{P}$ $= -\dfrac{\sqrt{3}}{2\tan\varphi}$ $= -\dfrac{\sqrt{3}}{2}\cot\varphi$	相序：ABC I_c 反进 I 元件； I_a 正进 II 元件。 或 表尾电压接入方式：ABC；电流接入方式：I_cI_a；TA 二次极性反接相：C 相
8	A B C	$-I_c$ $-I_a$		$P_1 = \dot{U}_{ab}(-\dot{I}_c)\cos(90°+\varphi)$ $P_2 = \dot{U}_{cb}(-\dot{I}_a)\cos(90°-\varphi)$ 化简略 $P = P_1 + P_2$ $= UI(-\sin\varphi + \sin\varphi)$ $= 0$	$K = \dfrac{P_0}{P} = \infty$ 无意义	相序：ABC I_c 反进 I 元件； I_a 反进 II 元件。 或 表尾电压接入方式：ABC；电流接入方式：I_cI_a；TA 二次极性反接相：A 相、C 相
9	B C A	I_a I_c		$P_1 = \dot{U}_{bc}\dot{I}_a\cos(90°-\varphi)$ $P_2 = \dot{U}_{ac}\dot{I}_c\cos(150°-\varphi)$ 化简略 $P = P_1 + P_2$ $= UI\left(\sin\varphi - \dfrac{\sqrt{3}}{2}\cos\varphi + \dfrac{1}{2}\sin\varphi\right)$ $= -\dfrac{1}{2}UI(\sqrt{3}\cos\varphi - 3\sin\varphi)$	$K = \dfrac{P_0}{P}$ $= -\dfrac{2}{1-\sqrt{3}\tan\varphi}$	相序：BCA I_a 正进 I 元件； I_c 正进 II 元件。 或 表尾电压接入方式：BCA；电流接入方式：I_aI_c；TA 二次极性反接相：无

序号	电压接线	电流接线	相　量　图	功率表达式	更正系数	结　　论
10	B C A	$-I_a$ I_c		$P_1 = \dot{U}_{bc}(-\dot{I}_a)\cos(90°+\varphi)$ $P_2 = \dot{U}_{ac}\dot{I}_c\cos(150°-\varphi)$ 化简略 $P = P_1 + P_2$ $= UI\left(-\sin\varphi - \dfrac{\sqrt{3}}{2}\cos\varphi + \dfrac{1}{2}\sin\varphi\right)$ $= -\dfrac{1}{2}UI(\sqrt{3}\cos\varphi + \sin\varphi)$	$K = \dfrac{P_0}{P}$ $= -\dfrac{2\sqrt{3}}{\sqrt{3}+\tan\varphi}$	相序：BCA I_a 反进 I 元件； I_c 正进 II 元件。 或 表尾电压接入方式：BCA； 电流接入方式：I_aI_c； TA 二次极性反接相：A相
11	B C A	I_a $-I_c$		$P_1 = \dot{U}_{bc}\dot{I}_a\cos(90°-\varphi)$ $P_2 = \dot{U}_{ac}(-\dot{I}_c)\cos(30°+\varphi)$ 化简略 $P = P_1 + P_2$ $= UI\left(\sin\varphi + \dfrac{\sqrt{3}}{2}\cos\varphi - \dfrac{1}{2}\sin\varphi\right)$ $= \dfrac{1}{2}UI(\sqrt{3}\cos\varphi + \sin\varphi)$	$K = \dfrac{P_0}{P}$ $= \dfrac{2\sqrt{3}}{\sqrt{3}+\tan\varphi}$	相序：BCA I_a 正进 I 元件； I_c 反进 II 元件。 或 表尾电压接入方式：BCA； 电流接入方式：I_aI_c； TA 二次极性反接相：C相
12	B C A	$-I_a$ $-I_c$		$P_1 = \dot{U}_{bc}(-\dot{I}_a)\cos(90°+\varphi)$ $P_2 = \dot{U}_{ac}(-\dot{I}_c)\cos(30°+\varphi)$ 化简略 $P = P_1 + P_2$ $= UI\left(-\sin\varphi + \dfrac{\sqrt{3}}{2}\cos\varphi - \dfrac{1}{2}\sin\varphi\right)$ $= \dfrac{1}{2}UI(\sqrt{3}\cos\varphi - 3\sin\varphi)$	$K = \dfrac{P_0}{P}$ $= \dfrac{2}{1-\sqrt{3}\tan\varphi}$	相序：BCA I_a 反进 I 元件； I_c 反进 II 元件。 或 表尾电压接入方式：BCA； 电流接入方式：I_aI_c； TA 二次极性反接相：A相、C相

续表

序号	电压接线	电流接线	相 量 图	功率表达式	更正系数	结 论
13	B C A	I_c I_a		$P_1 = \dot{U}_{bc}\dot{I}_c \cos(150° + \varphi)$ $P_2 = \dot{U}_{ac}\dot{I}_c \cos(30° - \varphi)$ 化简略 $P = P_1 + P_2$ $= UI\left(-\dfrac{\sqrt{3}}{2}\cos\varphi - \dfrac{1}{2}\sin\varphi \right.$ $\left. + \dfrac{\sqrt{3}}{2}\cos\varphi + \dfrac{1}{2}\sin\varphi \right)$ $= 0$	$K = \dfrac{P_0}{P} = \infty$ 无意义	相序：BCA I_c 正进 I 元件； I_a 正进 II 元件。 或 表尾电压接入方式：BCA；电流接入方式：I_cI_a；TA 二次极性反接相：无
14	B C A	I_c $-I_a$		$P_1 = \dot{U}_{bc}\dot{I}_c \cos(150° + \varphi)$ $P_2 = \dot{U}_{ac}(-\dot{I}_a)\cos(150° + \varphi)$ 化简略 $P = P_1 + P_2$ $= UI\left(-\dfrac{\sqrt{3}}{2}\cos\varphi - \dfrac{1}{2}\sin\varphi \right.$ $\left. - \dfrac{\sqrt{3}}{2}\cos\varphi - \dfrac{1}{2}\sin\varphi \right)$ $= -UI(\sqrt{3}\cos\varphi + \sin\varphi)$	$K = \dfrac{P_0}{P}$ $= -\dfrac{\sqrt{3}}{\sqrt{3}+\tan\varphi}$	相序：BCA I_c 正进 I 元件； I_a 反进 II 元件。 或 表尾电压接入方式：BCA；电流接入方式：I_cI_a；TA 二次极性反接相：A 相
15	B C A	$-I_c$ I_a		$P_1 = \dot{U}_{bc}(-\dot{I}_c)\cos(30° - \varphi)$ $P_2 = \dot{U}_{ac}\dot{I}_a \cos(30° - \varphi)$ 化简略 $P = P_1 + P_2$ $= UI\left(\dfrac{\sqrt{3}}{2}\cos\varphi + \dfrac{1}{2}\sin\varphi \right.$ $\left. + \dfrac{\sqrt{3}}{2}\cos\varphi + \dfrac{1}{2}\sin\varphi \right)$ $= UI(\sqrt{3}\cos\varphi + \sin\varphi)$	$K = \dfrac{P_0}{P}$ $= \dfrac{\sqrt{3}}{\sqrt{3}+\tan\varphi}$	相序：BCA I_c 反进 I 元件； I_a 正进 II 元件。 或 表尾电压接入方式：BCA；电流接入方式：I_cI_a；TA 二次极性反接相：C 相

续表

序号	电压接线	电流接线	相　量　图	功率表达式	更正系数	结　　论
16	B C A	$-I_c$ $-I_a$		$P_1 = \dot{U}_{bc}(-\dot{I}_c)\cos(30°-\varphi)$ $P_2 = \dot{U}_{ac}(-\dot{I}_a)\cos(150°+\varphi)$ 化简略 $P = P_1 + P_2$ $= UI\left(\frac{\sqrt{3}}{2}\cos\varphi + \frac{1}{2}\sin\varphi\right.$ $\left. - \frac{\sqrt{3}}{2}\cos\varphi - \frac{1}{2}\sin\varphi\right)$ $= 0$	$K = \dfrac{P_0}{P} = \infty$ 无意义	相序：BCA I_c 反进 I 元件；I_a 反进 II 元件。 或 表尾电压接入方式：BCA；电流接入方式：I_cI_a TA 二次极性反接相：A 相、C 相
17	C A B	I_a I_c		$P_1 = \dot{U}_{ca}\dot{I}_a\cos(150°+\varphi)$ $P_2 = \dot{U}_{ba}\dot{I}_c\cos(90°+\varphi)$ 化简略 $P = P_1 + P_2$ $= UI\left(-\frac{\sqrt{3}}{2}\cos\varphi - \frac{1}{2}\sin\varphi - \sin\varphi\right)$ $= -\frac{1}{2}UI(\sqrt{3}\cos\varphi + 3\sin\varphi)$	$K = \dfrac{P_0}{P}$ $= -\dfrac{2}{1+\sqrt{3}\tan\varphi}$	相序：CAB I_a 正进 I 元件；I_c 正进 II 元件。 或 表尾电压接入方式：CAB；电流接入方式：I_aI_c TA 二次极性反接相：无
18	C A B	$-I_a$ I_c		$P_1 = \dot{U}_{ca}(-\dot{I}_a)\cos(30°-\varphi)$ $P_2 = \dot{U}_{ba}\dot{I}_c\cos(90°+\varphi)$ 化简略 $P = P_1 + P_2$ $= UI\left(\frac{\sqrt{3}}{2}\cos\varphi + \frac{1}{2}\sin\varphi - \sin\varphi\right)$ $= \frac{1}{2}UI(\sqrt{3}\cos\varphi - \sin\varphi)$	$K = \dfrac{P_0}{P}$ $= \dfrac{2\sqrt{3}}{\sqrt{3}-\tan\varphi}$	相序：CAB I_a 反进 I 元件；I_c 正进 II 元件。 或 表尾电压接入方式：CAB；电流接入方式：I_aI_c TA 二次极性反接相：A 相

序号	电压接线	电流接线	相 量 图	功率表达式	更正系数	结 论
19	C A B	I_a $-I_c$		$P_1 = \dot{U}_{ca}\dot{I}_a\cos(150° + \varphi)$ $P_2 = \dot{U}_{ba}(-\dot{I}_c)\cos(90° - \varphi)$ 化简略 $P = P_1 + P_2$ $= UI\left(-\dfrac{\sqrt{3}}{2}\cos\varphi - \dfrac{1}{2}\sin\varphi + \sin\varphi\right)$ $= -\dfrac{1}{2}UI(\sqrt{3}\cos\varphi - \sin\varphi)$	$K = \dfrac{P_0}{P}$ $= -\dfrac{2\sqrt{3}}{\sqrt{3} - \tan\varphi}$	相序：CAB I_a 正进 I 元件； I_c 反进 II 元件。 或 表尾电压接入方式：CAB； 电流接入方式：I_aI_c； TA 二次极性反接相：C相
20	C A B	$-I_a$ $-I_c$		$P_1 = \dot{U}_{ca}(-\dot{I}_a)\cos(30° - \varphi)$ $P_2 = \dot{U}_{ba}(-\dot{I}_c)\cos(90° - \varphi)$ 化简略 $P = P_1 + P_2$ $= UI\left(\dfrac{\sqrt{3}}{2}\cos\varphi + \dfrac{1}{2}\sin\varphi + \sin\varphi\right)$ $= \dfrac{1}{2}UI(\sqrt{3}\cos\varphi + 3\sin\varphi)$	$K = \dfrac{P_0}{P}$ $= \dfrac{2}{1 + \sqrt{3}\tan\varphi}$	相序：CAB I_a 反进 I 元件； I_c 反进 II 元件。 或 表尾电压接入方式：CAB； 电流接入方式：I_aI_c； TA 二次极性反接相： A相、C相
21	C A B	I_c I_a		$P_1 = \dot{U}_{ca}\dot{I}_c\cos(30° + \varphi)$ $P_2 = \dot{U}_{ba}\dot{I}_a\cos(150° - \varphi)$ 化简略 $P = P_1 + P_2$ $= UI\left(\dfrac{\sqrt{3}}{2}\cos\varphi - \dfrac{1}{2}\sin\varphi\right.$ $\left. -\dfrac{\sqrt{3}}{2}\cos\varphi + \dfrac{1}{2}\sin\varphi\right)$ $= 0$	$K = \dfrac{P_0}{P} = \infty$ 无意义	相序：CAB I_c 正进 I 元件； I_a 正进 II 元件。 或 表尾电压接入方式：CAB； 电流接入方式：I_cI_a； TA 二次极性反接相：无

续表

序号	电压接线	电流接线	相　量　图	功率表达式	更正系数	结　　论
22	C A B	I_c $-I_a$		$P_1 = \dot{U}_{ca}\dot{I}_c\cos(30°+\varphi)$ $P_2 = \dot{U}_{ba}(-\dot{I}_a)\cos(30°+\varphi)$ 化简略 $P = P_1 + P_2$ $= UI\left(\dfrac{\sqrt{3}}{2}\cos\varphi - \dfrac{1}{2}\sin\varphi\right.$ $\left.+\dfrac{\sqrt{3}}{2}\cos\varphi - \dfrac{1}{2}\sin\varphi\right)$ $= UI(\sqrt{3}\cos\varphi - \sin\varphi)$	$K = \dfrac{P_0}{P}$ $= \dfrac{\sqrt{3}}{\sqrt{3}-\tan\varphi}$	相序：CAB I_c 正进 I 元件； I_a 反进 II 元件。 或 表尾电压接入方式：CAB；电流接入方式：I_cI_a；TA 二次极性反接相：A 相
23	C A B	$-I_c$ I_a		$P_1 = \dot{U}_{ca}(-\dot{I}_c)\cos(150°-\varphi)$ $P_2 = \dot{U}_{ba}\dot{I}_a\cos(150°-\varphi)$ 化简略 $P = P_1 + P_2$ $= UI\left(-\dfrac{\sqrt{3}}{2}\cos\varphi + \dfrac{1}{2}\sin\varphi\right.$ $\left.-\dfrac{\sqrt{3}}{2}\cos\varphi + \dfrac{1}{2}\sin\varphi\right)$ $= -UI(\sqrt{3}\cos\varphi - \sin\varphi)$	$K = \dfrac{P_0}{P}$ $= -\dfrac{\sqrt{3}}{\sqrt{3}-\tan\varphi}$	相序：CAB I_c 反进 I 元件； I_a 正进 II 元件。 或 表尾电压接入方式：CAB；电流接入方式：I_cI_a；TA 二次极性反接相：C 相
24	C A B	$-I_c$ $-I_a$		$P_1 = \dot{U}_{ca}(-\dot{I}_c)\cos(150°-\varphi)$ $P_2 = \dot{U}_{ba}(-\dot{I}_a)\cos(30°+\varphi)$ 化简略 $P = P_1 + P_2$ $= UI\left(-\dfrac{\sqrt{3}}{2}\cos\varphi + \dfrac{1}{2}\sin\varphi\right.$ $\left.+\dfrac{\sqrt{3}}{2}\cos\varphi - \dfrac{1}{2}\sin\varphi\right)$ $= 0$	$K = \dfrac{P_0}{P} = \infty$ 无意义	相序：CAB I_c 反进 I 元件； I_a 反进 II 元件。 或 表尾电压接入方式：CAB；电流接入方式：I_cI_a；TA 二次极性反接相： A 相、C 相

序号	电压接线	电流接线	相 量 图	功率表达式	更正系数	结 论
25	A C B	I_a I_c		$P_1 = \dot{U}_{ac}\dot{I}_a \cos(30° - \varphi)$ $P_2 = \dot{U}_{bc}\dot{I}_c \cos(150° + \varphi)$ 化简略 $P = P_1 + P_2$ $= UI\left(\dfrac{\sqrt{3}}{2}\cos\varphi + \dfrac{1}{2}\sin\varphi\right.$ $\left. -\dfrac{\sqrt{3}}{2}\cos\varphi - \dfrac{1}{2}\sin\varphi\right)$ $= 0$	$K = \dfrac{P_0}{P} = \infty$ 无意义	相序：ACB I_a 正进 I 元件； I_c 正进 II 元件。 或 表尾电压接入方式：ACB； 电流接入方式：I_aI_c； TA 二次极性反接相：无
26	A C B	$-I_a$ I_c		$P_1 = \dot{U}_{ac}(-\dot{I}_a) \cos(150° + \varphi)$ $P_2 = \dot{U}_{bc}\dot{I}_c \cos(150° + \varphi)$ 化简略 $P = P_1 + P_2$ $= UI\left(-\dfrac{\sqrt{3}}{2}\cos\varphi - \dfrac{1}{2}\sin\varphi\right.$ $\left. -\dfrac{\sqrt{3}}{2}\cos\varphi - \dfrac{1}{2}\sin\varphi\right)$ $= -UI(\sqrt{3}\cos\varphi + \sin\varphi)$	$K = \dfrac{P_0}{P}$ $= -\dfrac{\sqrt{3}}{\sqrt{3}+\tan\varphi}$	相序：ACB I_a 反进 I 元件； I_c 正进 II 元件。 或 表尾电压接入方式：ACB； 电流接入方式：I_aI_c； TA 二次极性反接相：A 相
27	A C B	I_a $-I_c$		$P_1 = \dot{U}_{ac}\dot{I}_a \cos(30° - \varphi)$ $P_2 = \dot{U}_{bc}(-\dot{I}_c) \cos(30° - \varphi)$ 化简略 $P = P_1 + P_2$ $= UI\left(\dfrac{\sqrt{3}}{2}\cos\varphi + \dfrac{1}{2}\sin\varphi\right.$ $\left. +\dfrac{\sqrt{3}}{2}\cos\varphi + \dfrac{1}{2}\sin\varphi\right)$ $= UI(\sqrt{3}\cos\varphi + \sin\varphi)$	$K = \dfrac{P_0}{P}$ $= \dfrac{\sqrt{3}}{\sqrt{3}+\tan\varphi}$	相序：ACB I_a 正进 I 元件； I_c 反进 II 元件。 或 表尾电压接入方式：ACB； 电流接入方式：I_aI_c； TA 二次极性反接相：C 相

序号	电压接线	电流接线	相 量 图	功率表达式	更正系数	结 论
28	A C B	$-I_{\rm a}$ $-I_{\rm c}$		$P_1 = \dot{U}_{\rm ac}(-\dot{I}_{\rm a})\cos(150° + \varphi)$ $P_2 = \dot{U}_{\rm bc}(-\dot{I}_{\rm c})\cos(30° - \varphi)$ 化简略 $P = P_1 + P_2$ $= UI\left(-\dfrac{\sqrt{3}}{2}\cos\varphi - \dfrac{1}{2}\sin\varphi\right.$ $\left. + \dfrac{\sqrt{3}}{2}\cos\varphi + \dfrac{1}{2}\sin\varphi\right)$ $= 0$	$K = \dfrac{P_0}{P} = \infty$ 无意义	相序：ACB $I_{\rm a}$ 反进 I 元件； $I_{\rm c}$ 反进 II 元件。 或 表尾电压接入方式：ACB； 电流接入方式：$I_{\rm a}I_{\rm c}$ TA 二次极性反接相：A相、C 相
29	A C B	$I_{\rm c}$ $I_{\rm a}$		$P_1 = \dot{U}_{\rm ac}\dot{I}_{\rm c}\cos(150° - \varphi)$ $P_2 = \dot{U}_{\rm bc}\dot{I}_{\rm a}\cos(90° - \varphi)$ 化简略 $P = P_1 + P_2$ $= UI\left(-\dfrac{\sqrt{3}}{2}\cos\varphi + \dfrac{1}{2}\sin\varphi + 0 + \sin\varphi\right)$ $= -\dfrac{1}{2}UI(\sqrt{3}\cos\varphi - 3\sin\varphi)$	$K = \dfrac{P_0}{P}$ $= -\dfrac{2}{1 - \sqrt{3}\tan\varphi}$	相序：ACB $I_{\rm c}$ 正进 I 元件； $I_{\rm a}$ 正进 II 元件。 或 表尾电压接入方式：ACB； 电流接入方式：$I_{\rm c}I_{\rm a}$ TA 二次极性反接相：无
30	A C B	$I_{\rm c}$ $-I_{\rm a}$		$P_1 = \dot{U}_{\rm ac}\dot{I}_{\rm c}\cos(150° - \varphi)$ $P_2 = \dot{U}_{\rm bc}(-\dot{I}_{\rm a})\cos(90° + \varphi)$ 化简略 $P = P_1 + P_2$ $= UI\left(-\dfrac{\sqrt{3}}{2}\cos\varphi + \dfrac{1}{2}\sin\varphi + 0 - \sin\varphi\right)$ $= -\dfrac{1}{2}UI(\sqrt{3}\cos\varphi + \sin\varphi)$	$K = \dfrac{P_0}{P}$ $= -\dfrac{2\sqrt{3}}{\sqrt{3} + \tan\varphi}$	相序：ACB $I_{\rm c}$ 正进 I 元件； $I_{\rm a}$ 反进 II 元件。 或 表尾电压接入方式：ACB； 电流接入方式：$I_{\rm c}I_{\rm a}$ TA 二次极性反接相：A相

续表

序号	电压接线	电流接线	相 量 图	功率表达式	更正系数	结 论
31	A C B	$-I_c$ I_a		$P_1 = \dot{U}_{ac}(-\dot{I}_c)\cos(30°+\varphi)$ $P_2 = \dot{U}_{bc}\dot{I}_a\cos(90°-\varphi)$ 化简略 $P = P_1 + P_2$ $= UI\left(\dfrac{\sqrt{3}}{2}\cos\varphi - \dfrac{1}{2}\sin\varphi 0 + \sin\varphi\right)$ $= \dfrac{1}{2}UI(\sqrt{3}\cos\varphi + \sin\varphi)$	$K = \dfrac{P_0}{P}$ $= \dfrac{2\sqrt{3}}{\sqrt{3}+\tan\varphi}$	相序：ACB I_c 反进 I 元件； I_a 正进 II 元件。 或 表尾电压接入方式：ACB；电流接入方式：I_cI_a；TA 二次极性反接相：C 相
32	A C B	$-I_c$ $-I_a$		$P_1 = \dot{U}_{ac}(-\dot{I}_c)\cos(30°+\varphi)$ $P_2 = \dot{U}_{bc}(-\dot{I}_a)\cos(90°+\varphi)$ 化简略 $P = P_1 + P_2$ $= UI\left(\dfrac{\sqrt{3}}{2}\cos\varphi - \dfrac{1}{2}\sin\varphi + 0 - \sin\varphi\right)$ $= \dfrac{1}{2}UI(\sqrt{3}\cos\varphi - 3\sin\varphi)$	$K = \dfrac{P_0}{P}$ $= \dfrac{2}{1-\sqrt{3}\tan\varphi}$	相序：ACB I_c 反进 I 元件； I_a 反进 II 元件。 或 表尾电压接入方式：ACB；电流接入方式：I_cI_a；TA 二次极性反接相：A 相、C 相
33	B A C	I_a I_c		$P_1 = \dot{U}_{ba}\dot{I}_a\cos(150°-\varphi)$ $P_2 = \dot{U}_{ca}\dot{I}_c\cos(30°+\varphi)$ 化简略 $P = P_1 + P_2$ $= UI\left(-\dfrac{\sqrt{3}}{2}\cos\varphi + \dfrac{1}{2}\sin\varphi\right.$ $\left. + \dfrac{\sqrt{3}}{2}\cos\varphi - \dfrac{1}{2}\sin\varphi\right) = 0$	$K = \dfrac{P_0}{P} = \infty$ 无意义	相序：BAC I_a 正进 I 元件； I_c 正进 II 元件。 或 表尾电压接入方式：BAC；电流接入方式：I_aI_c；TA 二次极性反接相：无

续表

序号	电压接线	电流接线	相　量　图	功率表达式	更正系数	结　　论
34	B A C	$-\dot{I}_a$ $\dot{I}_c$		$P_1=\dot{U}_{ba}(-\dot{I}_a)\cos(30°+\varphi)$ $P_2=\dot{U}_{ca}\dot{I}_c\cos(30°+\varphi)$ 化简略 $P=P_1+P_2$ $=UI\left(\dfrac{\sqrt{3}}{2}\cos\varphi-\dfrac{1}{2}\sin\varphi\right.$ $\left.+\dfrac{\sqrt{3}}{2}\cos\varphi-\dfrac{1}{2}\sin\varphi\right)$ $=UI(\sqrt{3}\cos\varphi-\sin\varphi)$	$K=\dfrac{P_0}{P}$ $=\dfrac{\sqrt{3}}{\sqrt{3}-\tan\varphi}$	相序：BACI_a 反进 I 元件；I_c 正进 II 元件。或表尾电压接入方式：BAC；电流接入方式：I_aI_c；TA 二次极性反接相：A 相
35	B A C	$\dot{I}_a$ $-\dot{I}_c$		$P_1=\dot{U}_{ba}\dot{I}_a\cos(150°-\varphi)$ $P_2=\dot{U}_{ca}(-\dot{I}_c)\cos(150°-\varphi)$ 化简略 $P=P_1+P_2$ $=UI\left(-\dfrac{\sqrt{3}}{2}\cos\varphi+\dfrac{1}{2}\sin\varphi\right.$ $\left.-\dfrac{\sqrt{3}}{2}\cos\varphi+\dfrac{1}{2}\sin\varphi\right)$ $=-UI(\sqrt{3}\cos\varphi-\sin\varphi)$	$K=\dfrac{P_0}{P}$ $=-\dfrac{\sqrt{3}}{\sqrt{3}-\tan\varphi}$	相序：BACI_a 正进 I 元件；I_c 反进 II 元件。或表尾电压接入方式：BAC；电流接入方式：I_aI_c；TA 二次极性反接相：C 相
36	B A C	$-\dot{I}_a$ $-\dot{I}_c$		$P_1=\dot{U}_{ba}(-\dot{I}_a)\cos(30°+\varphi)$ $P_2=\dot{U}_{ca}(-\dot{I}_c)\cos(150°-\varphi)$ 化简略 $P=P_1+P_2$ $=UI\left(\dfrac{\sqrt{3}}{2}\cos\varphi-\dfrac{1}{2}\sin\varphi\right.$ $\left.-\dfrac{\sqrt{3}}{2}\cos\varphi+\dfrac{1}{2}\sin\varphi\right)=0$	$K=\dfrac{P_0}{P}=\infty$ 无意义	相序：BACI_a 反进 I 元件；I_c 反进 II 元件。或表尾电压接入方式：BAC；电流接入方式：I_aI_c；TA 二次极性反接相：A 相、C 相

序号	电压接线	电流接线	相 量 图	功率表达式	更正系数	结 论
37	B A C	I_c I_a		$P_1 = \dot{U}_{ba}\dot{I}_c \cos(90° + \varphi)$ $P_2 = \dot{U}_{ca}\dot{I}_a \cos(150° + \varphi)$ 化简略 $P = P_1 + P_2$ $= UI\left(0 - \sin\varphi - \dfrac{\sqrt{3}}{2}\cos\varphi - \dfrac{1}{2}\sin\varphi\right)$ $= -\dfrac{1}{2}UI(\sqrt{3}\cos\varphi + 3\sin\varphi)$	$K = \dfrac{P_0}{P}$ $= -\dfrac{2}{1+\sqrt{3}\tan\varphi}$	相序：BAC I_c 正进 I 元件；I_a 正进 II 元件。或表尾电压接入方式：BAC；电流接入方式：I_cI_a；TA 二次极性反接相：无
38	B A C	I_c $-I_a$		$P_1 = \dot{U}_{ba}\dot{I}_c \cos(90° + \varphi)$ $P_2 = \dot{U}_{ca}(-\dot{I}_a) \cos(30° - \varphi)$ 化简略 $P = P_1 + P_2$ $= UI\left(0 - \sin\varphi + \dfrac{\sqrt{3}}{2}\cos\varphi + \dfrac{1}{2}\sin\varphi\right)$ $= \dfrac{1}{2}UI(\sqrt{3}\cos\varphi - \sin\varphi)$	$K = \dfrac{P_0}{P}$ $= \dfrac{2\sqrt{3}}{\sqrt{3}-\tan\varphi}$	相序：BAC I_c 正进 I 元件；I_a 反进 II 元件。或表尾电压接入方式：BAC；电流接入方式：I_cI_a；TA 二次极性反接相：A 相
39	B A C	$-I_c$ I_a		$P_1 = \dot{U}_{ba}(-\dot{I}_c) \cos(90° - \varphi)$ $P_2 = \dot{U}_{ca}\dot{I}_a \cos(150° + \varphi)$ 化简略 $P = P_1 + P_2$ $= UI\left(0 + \sin\varphi - \dfrac{\sqrt{3}}{2}\cos\varphi - \dfrac{1}{2}\sin\varphi\right)$ $= -\dfrac{1}{2}UI(\sqrt{3}\cos\varphi - \sin\varphi)$	$K = \dfrac{P_0}{P}$ $= -\dfrac{2\sqrt{3}}{\sqrt{3}-\tan\varphi}$	相序：BAC I_c 反进 I 元件；I_a 正进 II 元件。或表尾电压接入方式：BAC；电流接入方式：I_cI_a；TA 二次极性反接相：C 相

序号	电压接线	电流接线	相　量　图	功率表达式	更正系数	结　　论
40	B A C	$-I_c$ $-I_a$		$P_1 = \dot{U}_{ba}(-\dot{I}_c)\cos(90°-\varphi)$ $P_2 = \dot{U}_{ca}(-\dot{I}_a)\cos(30°-\varphi)$ 化简略 $P = P_1 + P_2$ $= UI\left(0 + \sin\varphi + \dfrac{\sqrt{3}}{2}\cos\varphi + \dfrac{1}{2}\sin\varphi\right)$ $= \dfrac{1}{2}UI(\sqrt{3}\cos\varphi + 3\sin\varphi)$	$K = \dfrac{P_0}{P}$ $= \dfrac{2}{1+\sqrt{3}\tan\varphi}$	相序：BAC I_c 反进 I 元件； I_a 反进 II 元件。 或 表尾电压接入方式：BAC； 电流接入方式：I_cI_a； TA 二次极性反接相：A相、C相
41	C B A	I_a I_c		$P_1 = \dot{U}_{cb}\dot{I}_a\cos(90°+\varphi)$ $P_2 = \dot{U}_{ab}\dot{I}_c\cos(90°-\varphi)$ 化简略 $P = P_1 + P_2$ $= UI(0 - \sin\varphi + 0 + \sin\varphi)$ $= 0$	$K = \dfrac{P_0}{P} = \infty$ 无意义	相序：CBA I_a 正进 I 元件； I_c 正进 II 元件。 或 表尾电压接入方式：CBA； 电流接入方式：I_aI_c； TA 二次极性反接相：无
42	C B A	$-I_a$ I_c		$P_1 = \dot{U}_{cb}(-\dot{I}_a)\cos(90°-\varphi)$ $P_2 = \dot{U}_{ab}\dot{I}_c\cos(90°-\varphi)$ 化简略 $P = P_1 + P_2$ $= UI(0 + \sin\varphi + 0 + \sin\varphi)$ $= 2UI\sin\varphi$	$K = \dfrac{P_0}{P}$ $= \dfrac{\sqrt{3}}{2}\cot\varphi$	相序：CBA I_a 反进 I 元件； I_c 正进 II 元件。 或 表尾电压接入方式：CBA； 电流接入方式：I_aI_c； TA 二次极性反接相：A相

续表

序号	电压接线	电流接线	相 量 图	功率表达式	更正系数	结 论
43	C B A	I_a $-I_c$		$P_1 = \dot{U}_{cb}\dot{I}_a\cos(90°+\varphi)$ $P_2 = \dot{U}_{ab}(-\dot{I}_c)\cos(90°+\varphi)$ 化简略 $P = P_1 + P_2$ $= UI(0-\sin\varphi+0-\sin\varphi)$ $= -2UI\sin\varphi$	$K = \dfrac{P_0}{P}$ $= -\dfrac{\sqrt{3}}{2}\cot\varphi$	相序：CBA I_a 正进 I 元件； I_c 反进 II 元件。 或 表尾电压接入方式：CBA； 电流接入方式：I_aI_c； TA 二次极性反接相：C相
44	C B A	$-I_a$ $-I_c$		$P_1 = \dot{U}_{cb}(-\dot{I}_a)\cos(90°-\varphi)$ $P_2 = \dot{U}_{ab}(-\dot{I}_c)\cos(90°+\varphi)$ 化简略 $P = P_1 + P_2$ $= UI(0+\sin\varphi+0-\sin\varphi)$ $= 0$	$K = \dfrac{P_0}{P} = \infty$ 无意义	相序：CBA I_a 反进 I 元件； I_c 反进 II 元件。 或 表尾电压接入方式：CBA； 电流接入方式：I_aI_c； TA 二次极性反接相：A相、C相
45	C B A	I_c I_a		$P_1 = \dot{U}_{cb}\dot{I}_c\cos(30°-\varphi)$ $P_2 = \dot{U}_{ab}\dot{I}_a\cos(30°+\varphi)$ 化简略 $P = P_1 + P_2$ $= UI\left(\dfrac{\sqrt{3}}{2}\cos\varphi+\dfrac{1}{2}\sin\varphi\right.$ $\left.+\dfrac{\sqrt{3}}{2}\cos\varphi-\dfrac{1}{2}\sin\varphi\right)$ $= \sqrt{3}UI\cos\varphi$	$K = \dfrac{P_0}{P} = 1$	相序：CBA I_c 正进 I 元件； I_a 正进 II 元件。 或 表尾电压接入方式：CBA； 电流接入方式：I_cI_a； TA 二次极性反接相：无

序号	电压接线	电流接线	相 量 图	功率表达式	更正系数	结 论
46	C B A	I_c $-I_a$		$P_1 = \dot{U}_{cb}\dot{I}_c\cos(30°-\varphi)$ $P_2 = \dot{U}_{ab}(-\dot{I}_a)\cos(150°-\varphi)$ 化简略 $P = P_1 + P_2$ $= UI\left(\dfrac{\sqrt{3}}{2}\cos\varphi + \dfrac{1}{2}\sin\varphi\right.$ $\left. -\dfrac{\sqrt{3}}{2}\cos\varphi + \dfrac{1}{2}\sin\varphi\right)$ $= UI\sin\varphi$	$K = \dfrac{P_0}{P}$ $= \sqrt{3}\cot\varphi$	相序：CBA I_c 正进 I 元件； I_a 反进 II 元件。 或 表尾电压接入方式：CBA； 电流接入方式：I_cI_a； TA 二次极性反接相：A 相
47	C B A	$-I_c$ I_a		$P_1 = \dot{U}_{cb}(-\dot{I}_c)\cos(150°+\varphi)$ $P_2 = \dot{U}_{ab}\dot{I}_a\cos(30°+\varphi)$ 化简略 $P = P_1 + P_2$ $= UI\left(-\dfrac{\sqrt{3}}{2}\cos\varphi - \dfrac{1}{2}\sin\varphi\right.$ $\left. +\dfrac{\sqrt{3}}{2}\cos\varphi - \dfrac{1}{2}\sin\varphi\right)$ $= -UI\sin\varphi$	$K = \dfrac{P_0}{P}$ $= -\sqrt{3}\cot\varphi$	相序：CBA I_c 反进 I 元件； I_a 正进 II 元件。 或 表尾电压接入方式：CBA； 电流接入方式：I_cI_a； TA 二次极性反接相：C 相
48	C B A	$-I_c$ $-I_a$		$P_1 = \dot{U}_{cb}(-\dot{I}_c)\cos(150°+\varphi)$ $P_2 = \dot{U}_{ab}(-\dot{I}_a)\cos(150°-\varphi)$ 化简略 $P = P_1 + P_2$ $= UI\left(-\dfrac{\sqrt{3}}{2}\cos\varphi - \dfrac{1}{2}\sin\varphi\right.$ $\left. -\dfrac{\sqrt{3}}{2}\cos\varphi + \dfrac{1}{2}\sin\varphi\right)$ $= -\sqrt{3}UI\cos\varphi$	$K = \dfrac{P_0}{P} = -1$	相序：CBA I_c 反进 I 元件； I_a 反进 II 元件。 或 表尾电压接入方式：CBA； 电流接入方式：I_cI_a； TA 二次极性反接相：A 相、C 相

参 考 文 献

[1] 陈向群. 电能计量技能考核培训教材 2014 年版. 北京：中国电力出版社，2014.

[2] 常仕亮. 三相三线电能计量装置错误接线解析. 北京：中国电力出版社，2017.

[3] 欧朝龙. 电能计量技术及故障处理. 北京：中国电力出版社，2015.

[4] 李兆华，李斌. 电能计量接线技术手册. 北京：中国电力出版社，2012.

[5] 孟凡利，祝素云，李红艳. 运行中电能计量装置错误接线检测与分析. 北京：中国电力出版社，2012.